AF497430

L'AGRICULTURE

PAR

L. RICHEL, officier d'Académie

OUVRAGE DÉDIÉ

A M. EDMOND TURQUET

Chevalier de la Légion d'honneur, Député à l'Assemblée nationale

SENLIS

IMPRIMERIE ET LITHOGRAPHIE A. LE GALLAIS ET Cᵉ
rue Neuve-de-Paris, 9

—

1871

(C)

Ruche ordinaire.

Ecole d'agriculture du château de la Feuge, près Mantes (Seine-et-Oise.

AVANT-PROPOS

De temps à autre il avait été d'usage jusqu'ici de parler de l'enseignement agricole. C'était un besoin pour tous ceux qui voulaient faire de la philanthropie, c'était un devoir pour tous ceux qui savent combien est préjudiciable à la société l'ignorance du cultivateur.

Dans nos écoles primaires, le fils d'un cultivateur, destiné sans doute à devenir plus tard clerc de notaire, pourrait vous parler de la Chine et du Japon, et vous dire en quelle année vivaient Evilmérodach et Saosduckeus, voire même Frédégonde et Chilpéric, mais il ignore souvent les premiers éléments de l'agriculture, il ne connaît rien sur la culture du froment, il sait que cette céréale sert à faire du pain, voilà tout.

Si vous visitez un collége, c'est encore bien pis. Ses élèves sont généralement recrutés dans la classe des petits propriétaires ou dans celle des fonctionnaires qui, pour leur bonheur, n'eussent jamais dû quitter leur champs. L'un se destine à l'armée, l'autre a une administration quelconque ; tous rêvent places et honneurs. Mais pas un ne se demande comment le gouvernement arrivera à réaliser ces projets. Ainsi l'on se prépare d'amères désillusions pour l'avenir !

Et ne vous avisez pas d'engager ces jeunes gens à retourner chez eux pour y améliorer leur patrimoine. Ils vous répondront que pour rien au monde ils ne voudraient s'enfouir à la campagne pour y mener l'existence des paysans.

Mais alors qui donc cultivera la terre ? Cette mission si importante doit-elle être de plus en plus l'apanage de l'ignorance et de la pauvreté ? Tous à l'envi désertent les champs : Le fils du fermier suivant la route qui lui est tracée par son propriétaire, veut aussi jouir de la faveur d'une instruction libérale ; il fera toutes ses études, il ira dans les grandes villes, foulant aux pieds le certain pour poursuivre l'inconnu.

C'est là, selon nous, un grand mal que l'on parviendrait à faire disparaître, en propageant par tous les moyens possibles le goût des travaux agricoles.

L'enseignement de l'agriculture ne se développera rapidement, et ne deviendra en quelque sorte universel, qu'à partir du jour où il aura été sérieusement organisé dans nos écoles primaires.

Le gouvernement le comprendra, nous l'espérons, mais rien n'est fait sous ce rapport; on est encore à se demander comment doit être donné cet enseignement. La pratique et l'exemple seraient sans contredit les plus puissants moyens de conviction ; mais comme ils se produisent, en fait d'agriculture, sur des points trop éloignés et trop rares, on ne peut les proposer que comme citations à l'appui d'un autre enseignement qu'il sera toujours facile de répandre largement : la lecture et la parole.

Les cultivateurs perdus dans le fond des campagnes sont parfois imbus des préjugés et ennemis des innovations.

Il n'est pas facile de les détourner du chemin de la routine dans lequel ils semblent se complaire avec l'obstination d'un parti pris. Les livres peuvent devenir d'un grand secours à ces braves praticiens, et les engager à expérimenter certaines théories dont ils avaient jusque-là ignoré l'existence.

Les comices font sans doute les plus louables efforts et les plus généreuses tentatives, mais ils n'arriveront que lentement à obtenir autour d'eux de faibles résultats, ils ont besoin de ces deux puissants appuis : Les livres pour l'âge mûr ; l'école pour l'enfance. C'est sur l'enfant qu'il faut agir d'abord ; profitons de son séjour dans l'école, car plus tard il ne sera plus temps. C'est de la génération qui s'élève qu'on doit principalement attendre le progrès et les améliorations.

Ces considérations, et beaucoup d'autres, nous ont engagé à publier ce premier volume. Nous avons voulu apporter aussi notre grain de sable à la construction de l'édifice Nous offrons, aux instituteurs et au public, le fruit de nos modestes travaux. Si nous ne réalisons que peu de bien, nous aurons au moins fait preuve de bonne volonté, et dans tous les cas on ne pourra pas nous accuser d'avoir fait le mal.

RICHEL.

Le Nouvion en Thiérache (Aisne). 1er juillet 1870

ERRATAS

—

Cet ouvrage, ayant été imprimé pendant la guerre, l'auteur
ètant à l'armée comme officier de volontaires, il s'est glissé
dans l'impression des erreurs que nous devons rectifier.

PAGE	LIGNE	AU LIEU DE	LISEZ
26	17	les couvrent	se couvrent
43	11	compact	compacte
47	6	leurs subsistances	leur subsistance
66	1	les gazes	les gaz
»	9	le sols	le sol
»	11	pourvu	pourvus
»	13	sel marine	sel marin
»	17	snie	suie
84	7	cheveaux	chevaux
123	1	oblique	obliques
»	23	l'emploi	l'emploie
133	11	qui, outre	que, outre
135	1	le sacs	les sacs
183	23	propriétés	variétés
194	20	principalement	principales
200	5	propres à	propre à
209	3	trois	trois ans
211	5	dultiver	cultiver
258	2	est d'un tiers	et·d'en tirer
»	4	des produit	des produits
260	2	ses esclaves	leurs esclaves
»	3	conservait	conservaient
267	8	accroiteraient	accroitreraient
271	2	annuellement	manuellement
272	16	semés	soumis
277	15	doptée	adoptée

L'AGRICULTURE

NOTIONS PRÉLIMINAIRES.

L'Agriculture est, par excellence, une science d'observations et de localités.

Le bon agriculteur doit observer ce qui se passe autour de lui, juger les effets et en tirer les conséquences propres à le conduire à bonne voie ; il poursuivra sans relâche le système qui doit, après de nombreuses recherches, le conduire au but, mais s'il ne possède une solide instruction, il sera toujours exposé à voir ses efforts paralysés par la routine, ennemie du progrès.

Le domaine de l'Agriculture est vaste comme la nature elle-même ; elle embrasse toutes les sciences naturelles et comprend :

1° *L'Agriculture* proprement dite, ou la culture des champs.

2° *La Praticulture*, ou culture des prairies, qui s'occupe de la formation des prairies, du mélange des plantes herbacées qui doivent donner le meilleur foin, du dessèchement, des irrigations, et enfin, des amendements et engrais les plus propres à augmenter la fertilité de la prairie.

3° *La Silviculture*, ou culture des forêts, qui traite des moyens à employer pour tirer le parti le plus avantageux des essences forestières, de l'influence du sol et du climat sur la végétation des bois, de l'aménagement des taillis et des futaies.

4° *La Viniculture*, ou la culture de la vigne, ayant pour but la fabrication des vins.

5° *L'Arboriculture*, ou la culture des arbres dans les pépinières, les jardins et vergers, avec les divers modes de reproduction des arbres et arbustes, de leur multiplication, de la taille, de la greffe.

6° *La Sériciculture*, qui a pour but la culture du mûrier et l'élevage des vers à soie.

7° *L'Industrie rurale*, qui s'occupe principalement de subvenir aux besoins de l'exploitation

agricole, et comprend la fabrication des instruments et leur entretien; la fabrication du beurre
et du fromage; la manipulation des engrais,
la féculerie, la distillerie, la fabrication de
l'huile, etc.

8° *L'Economie rurale*, qui est l'appréciation matérielle de toutes les opérations constituant l'a-
griculture.

9° *L'Horticulture*, ou la science des jardins.

La *Minéralogie*, la *Botanique*, la *Zoologie*, la *Chi-
mie*, la *Physique*, toutes ces sciences si compli-
quées déjà par elles-mêmes, peuvent encore être
considérées comme des subdivisions de l'Agriculture.

On peut juger d'après cela de l'importance de
l'étude dont nous allons nous occuper.

L'étendue de cet ouvrage ne nous permettant
certainement pas de tout expliquer, nous nous
bornerons à parler un peu de tout ce qui doit
entrer dans les détails de la vie de l'homme des
champs.

Puissions-nous contribuer à faire aimer nos
vertes campagnes, nos frais ombrages, la verdure
de nos prairies, les épis de nos guérêts, les animaux de nos étables! Puissions-nous contribuer

aussi à faire aimer la culture de cette terre qui nous nourrit et que l'on abandonne trop souvent, hélas! pour aller chercher ailleurs de cruelles déceptions et d'amers regrets!

PREMIERE PARTIE.

CHAPITRE Ier.

Aperçu général sur la végétation. Durée des végétaux. Modes divers de reproduction par graines, boutures, etc.

Rien ne vient de rien : la plante provient d'un germe ou semence recueilli sur un être semblable à la future plante : dans un simple gland se trouve le germe du chêne; ce germe, gâté dans le sein de la terre ou même à sa surface, ne tarde pas à se gonfler sous l'influence de l'humidité; il se développe et se nourrit de la substance qui l'entoure, et cherchant une issue favorable, il ne tarde pas à pousser de bas en haut. Si quelques obstacles se présentent, il en fera le tour, se pliera à tout, et finira toujours, à moins de circonstances défavorables, par arriver à jouir du bienfait de la lumière. Alors, de blanc qu'il était, il verdit, et voilà le commencement de la tige.

On distingue plusieurs espèces de tiges. Celles qui, comme dans l'arbre, sont serrées et remplies, portent le nom de *Tronc*; celles qui, comme dans les céréales, sont creuses et nouées, sont appelées *Chaume*.

Quand une tige a la consistance du bois, on l'appelle *ligneuse*; *fistuleuse* si elle est creuse intérieurement. Au contraire, lorsqu'elle est tendre et verte comme l'herbe, on la dit *herbacée*; on la nomme encore *grimpante* si elle monte et s'attache aux murs et aux arbres, *rampante*, si elle s'étend sur le sol; et *traçante* quand ses jets s'enracinent comme dans le fraisier.

Les parties dont est formée la tige, sont bien plus difficiles à distinguer dans certains végétaux que dans d'autres.

Ainsi, dans les plantes herbacées, on ne les voit pas facilement, tandis que pour les arbres, on peut presque toujours les distinguer.

Les parties qui composent la texture du tronc sont :

1° La *moelle* et le *cœur au centre.*

2° *Le bois,* proprement dit, rempli longitudinalement d'une infinité de vaisseaux souvent imperceptibles, qui correspondent aux veines dans les animaux, et qui charrient la sève ou liquide destiné à entretenir la vie et la chaleur dans la plante.

3° *L'aubier,* qui n'est autre chose que l'écorce de l'année précédente.

4° *L'écorce,* ou enveloppe extérieure de la plante recouverte de l'*épiderme,* peau mince servant d'enveloppe générale.

Les végétaux se procurent les éléments de leur subsistance par la tige et les feuilles, qui remplissent dans cette circonstance un rôle très-important en absorbant par leurs *pores,* petits trous imperceptibles, les gaz nutritifs renfermés dans l'atmosphère.

Les feuilles sont les organes de la respiration ; à leur base se développent les bourgeons destinés à multiplier les diverses parties de la plante.

Viennent ensuite la *fleur*, comprenant, entouré par la corolle et le calice, le *pistil*, qui contient les jeunes graines ; et les *étamines*, dont le *pollen*, ou poussière fécondante, formera un *embryon ou germe*.

Le fruit n'est que la partie essentielle développée du pistil ; il contient la graine et se compose de *l'épisperme*, ou enveloppe de l'embryon dans lequel on reconnaît la *plantule*, portant, attachés après elle les *cotylédons* qui sont des réservoirs de matière nutritive destinée à la plante.

Les plantes, dont l'embryon forme un seul cotylédon sont, rangées dans une classe dite des *monocotylédonées*; celles qui ont deux ou plusieurs cotylédons en forment une seconde appelée classe des *dicotylédonées*; enfin celles dans lesquelles l'embryon n'offre pas de cotylédon et qui par conséquent n'ont ni fleurs ni graines, forment une troisième classe : celle des *acotylédonées*.

Pendant le développement en dessus de la semence, il se passe au-dessous, et en sens contraire, un phénomène non moins important.

Une autre espèce de germe appelée *radicule*, part aussi du sein de la semence, et cherchant à s'enfoncer de plus en plus, se bifurque en une infinité de ramifications, qui se terminent par une espèce de petite éponge : c'est la *racine*, dont chaque fibre est terminée par la spongiole.

Cette racine porte différents noms, selon sa forme; elle est dite :

1° *Pivotante*, comme dans l'orme, la carotte, la betterave, le navet, le chou, etc.

2° *Fibreuse*, comme dans les céréales, la plupart des végétaux, le chêne, le rosier, etc.

3° *Bulbeuse*, quand, par sa forme, elle se rapproche de l'oignon.

4° Enfin *Tubéreuse*, comme dans la pomme de terre, le dahlia, etc.

Sous le rapport de la durée, les racines sont annuelles, bisannuelles ou vivaces :

Elles sont *annuelles* quand elles périssent après avoir porté graine, comme le blé, la carotte, le navet, les choux.

Quand elles meurent après deux années d'existence, elles sont dites *bisannuelles*, comme le colza, la betterave, etc.

On les appelle *vivaces*, quand elles vivent un nombre d'années indéterminé, comme la luzerne et la plupart des herbes des prairies.

C'est par la formation de la graine qu'une

plante s'épuise et périt; on peut donc rendre vivace une plante annuelle; il suffit souvent de s'opposer à ce qu'elle mûrisse. Ainsi, on a fait vivre pendant quatre ans du colza, en le coupant chaque année avant la floraison. Le trèfle qui porte graine meurt l'année même, tandis que celui qui est coupé vert peut vivre trois et même cinq ans.

Un grand nombre de plantes se propagent par graines, que l'on sème dans un terrain préparé et à une époque convenable.

Il est essentiel de ne confier à la terre que la graine la plus parfaite de chaque espèce. Tout le monde sait qu'en semant un bon blé on récolte le double qu'en semant un blé de mauvaise qualité.

Il faut encore que la terre soit bien préparée et propre aux graines qu'on veut lui confier; celles-ci doivent en outre être plus ou moins enterrées, selon leur grosseur; elles restent plus ou moins longtemps à lever. Les unes mettent huit jours à montrer leurs cotylédons; d'autres quinze, d'autres restent une année entière et même plus.

Les arbres, ainsi qu'un certain nombre de plantes, se propagent par *semis* ou par *boutures*.

Le choix des boutures exige quelque attention. On doit les prendre vigoureuses et sur des sujets forts et sains. Quand la branche a été détachée, on met en terre l'extrémité inférieure qui, bientôt, pousse des racines, tandis que sur la partie supérieure naissent des bourgeons, puis des feuilles, des fleurs et des fruits.

On nomme bouture simple, celle qu'on fait avec une simple pousse de l'année précédente, détachée du végétal.

Le marcottage consiste à courber et à enfouir dans la terre une branche que l'on détache du végétal.

On nomme crossettes ou boutures à talon celles qui portent à leur base, outre la pousse de l'année, une portion du bois de l'année précédente, ce qui les fait ressembler à une petite crosse.

Le marcottage consiste à courber et à enfouir dans la terre une branche que l'on détache du végétal, lorsqu'elle-même a produit des racines.

Le marcottage de la vigne s'appelle *provignage*. Les provins ne sont que des marcottes de vigne ; on réserve sur chaque cep un nombre de sarments de bonne venue, puis à la fin de l'hiver on ouvre une fosse étroite au pied de chaque

vieux cep; on y couche le sarment et on le couvre de terre en laissant seulement deux bons yeux
à l'air. L'année suivante le provin peut-être sevré,
c'est-à-dire détaché du pied-mère.

CHAPITRE II.

Natures et propriétés physiques des terres.

Chaque plante a pour ainsi dire un sol qui lui est propre, et qu'il est indispensable de connaître si on veut donner à chacune d'elles, la nourriture qui lui convient.

L'étude des différents sols est donc importante, mais il est très-difficile de poser des règles certaines sur les mélanges infinis qui entrent dans leur composition ; l'expérience, résultat de la pratique et de l'observation, peut seule remplir le vide que laisse la science.

Le cultivateur doit se régler sur la nature de la terre et ne pas prétendre qu'elle se règle sur lui ; par exemple, il ne doit pas cultiver l'orge, là où doit croître l'avoine ; le seigle, dans le sol propre au froment, etc. Mais au contraire, il choisira toujours les récoltes les plus convenables à chaque terrain.

Nous allons passer en revue les principales espèces des terrains, en indiquant leurs propriétés et leurs défauts, ainsi que les moyens généralement employés pour les rendre meilleurs et plus productifs.

—

Du sol et du sous-sol.

La terre est la principale machine que l'agriculture met en œuvre pour arriver à la production. Donc, plus cette machine sera parfaite, plus la production sera avantageuse, et moins elle nécessitera de dépenses.

La connaissance du sol peut indiquer au cultivateur quel capital il doit consacrer à son exploitation ; combien de têtes de bétail il doit entretenir ; quelles plantes il doit cultiver, quelles améliorations il aura à entreprendre, en un mot, quel système de culture et quelle manière de faire valoir il doit adopter.

On donne le nom de *sous-sol* à la couche placée immédiatement au-dessous de la terre arable, de celle qui est travaillée par les instruments aratoires.

Le sous-sol est *actif* ou *inerte*.

Actif, lorsqu'il n'est que la continuité de la couche de terre végétale, et que les racines le pénétrent facilement. *Inerte*, lorsque les racines ne peuvent y pénétrer.

Il peut être composé d'argile, de sable, de gravier, de calcaire ou marne, de cailloux et de rochers.

Si le sous-sol est argileux et épais, il exerce une grande influence sur la couche végétale; si au contraire, il est spongieux, il laisse traverser l'eau ; alors la couche végétale se dessèche, et la végétation souffre et languit.

Le défaut d'attention sur la nature du sol et du sous-sol a souvent donné lieu à beaucoup de tentatives ruineuses.

Généralement les fermiers, lorsqu'ils changent de ferme, sont trop disposés à transporter avec eux le système de culture auquel ils étaient accoutumés, sans examiner s'il est ou non applicable à leur nouvelle situation, et c'est là pour eux une source de nombreux mécomptes.

Nous allons examiner sommairement, qu'elle peut être l'influence de la nature et de la composition des terrains sur le système de culture, et le mode qu'il convient d'employer pour leur exploitation.

CHAPITRE III

Nature minéralogique du sol.

—

Des terres argileuses.

On reconnaît les terres argileuses par la propriété qu'elles possèdent d'être compactes, grasses au toucher; elles laissent difficilement pénétrer l'air et forment une pâte avec l'eau qu'elles retiennent parfois avec excès.

Les fossés d'écoulement, le drainage, la marne, les sables calcaires, les plâtras; les coquilles et surtout la chaux sont toujours employés avec succès pour détruire les défauts de ces sortes de terrains.

Le fumier pailleux, chaud autant que possible, et non décomposé entièrement; le fumier de cheval, de mouton et de colombier, le guano, produisent des effets plus remarquables encore.

Le froment et l'avoine peuvent être cultivés avec fruit dans les terres argileuses; les prairies peuvent y donner du foin excellent et abondant. Le trèfle, la vesce, le pois gris, la betterave, la carotte, le colza et en général les végétaux à fortes racines peuvent y pousser vigoureusement.

Si le sol est fertile, les arbres fruitiers à pépin y réussissent bien; toutefois les bois des arbres qui y vivent sont tendres et généralement tardifs; et ils n'acquièrent jamais les propriétés de dureté et de finesse qui caractérisent les essences produites par les terres siliceuses.

Si le sous-sol est de nature argileuse, et repose sous une couche siliceuse et graveleuse, on doit opérer le mélange; la première couche deviendra ainsi moins humide et moins froide.

Un sous-sol inerte, calcaire, peut aussi contribuer à corriger les défauts de la terre, si celle-ci n'est pas de même nature; il peut encore exercer une très grande influence sur les terrains siliceux et argileux, lorsque leur épaisseur n'est pas extraordinaire, en augmentant la cohésion pour les premiers et en rendant les seconds plus légers.

Quant aux sous-sols rocheux et pierreux, ils forment avec un sous-sol argileux, de mauvais terrains agricoles, surtout si la première couche n'a pas plus de 30 centimètres d'épaisseur.

Les terrains argileux sont parfois plus favorables à la vie des animaux : les plantes fourragères n'ayant point la qualité nutritive que l'on remarque dans les terrains moins compactes, surtout lorsque le fond est humide.

De plus, les plantes qui vivent sans cesse dans l'eau servent de refuge à une multitude d'êtres qui n'ont qu'une très-courte existence, mais qui, durant les grandes chaleurs, répandent, par leur décomposition dans l'air, des émanations capables de rendre les animaux maladifs.

Au sein de tels pâturages, les bêtes à laines contractent la pourriture; la race chevaline perd ses formes gracieuses ; sa tête devient lourde, son ventre volumineux, ses muscles ont moins de force ; la race bovine perd une partie de sa force ; sa stature augmente, mais le sang est moins riche, et la viande diminue en qualité et en saveur.

—

Terres calcaires.

Les terres calcaires ou crayeuses ont les qualités et les défauts opposés à ceux des terres argileuses : elles se distinguent par leur couleur blanchâtre. Celles qui sont douces au toucher sont les plus mauvaises.

Elles absorbent et retiennent l'eau avec force pendant l'hiver, sous l'action de l'humidité elles deviennent boueuses et s'attachent à tous les corps qui les touchent.

Les rayons du soleil les pénètrent difficilement, et la réverbération qui a lieu à cause de leur couleur blanche est souvent nuisible à la vie végétale ainsi qu'au bien-être des hommes et des animaux.

Ces terres décomposent les engrais avec une

étonnante rapidité; aussi, doit-on leur donner des fumures peu abondantes, mais fréquentes.

On doit les ensemencer de bonne heure et n'y exécuter que de légers labours, si on veut éviter le déchaussement des plantes.

On utilise avantageusement les terrains calcaires au moyen des prairies artificielles. La chicorée sauvage, la pimprenelle, les brômes, y forment d'excellents pâturages, quoiqu'ils y acquièrent peu d'élévation. Il en est de même du trèfle, de la luzerne, du sainfoin et des vesces.

Les céréales qui ont pu, avant les gelées, prendre une force organique très-remarquable sont celles qui résistent le mieux aux fâcheux effets du déchaussement; le froment et l'orge sont de qualité supérieure dans ces sortes de terrains.

Les arbres qui réussissent le mieux dans le sol calcaire sont : le noyer, le cerisier, et surtout la vigne, de laquelle on tire des vins fins, légers et spiritueux.

Les arbres forestiers que l'on y rencontre le plus communément sont : l'orme, le merisier, le genévrier, l'érable, le sycomore, l'if, le faux ébénier, le cyprès, etc.

Les bêtes bovines, nourries dans les prairies artificielles de ces terrains ont une belle stature; leurs propriétés lactifères sont moins remarquables, mais le lait qu'elles donnent produit beaucoup de beurre. Les moutons y prospèrent toujours, et leur laine est d'une belle finesse. Si la race chevaline n'y acquiert pas la taille qui caractérise les chevaux des terres argileuses, elle y vit avec un tempéramment sanguin, et de la vivacité dans les allures.

—

Terres siliceuses.

Ces terres sont toujours friables et rudes au toucher, l'infiltration des eaux y a toujours lieu avec facilité et promptitude; elles s'échauffent au printemps pour devenir brûlantes en été.

La vase des étangs, le limon des rivières, les marnes argileuses sont les seuls amendements qu'il faille employer pour les améliorer; le noir animal, les calcaires, n'y produisent toujours qu'une fécondité factice.

Quant aux engrais proprement dits, ils doivent, pour produire de bons résultats, être riches, gras, décomposés. Les fumiers d'étable, de porc, de mouton, et les engrais végétaux qui conservent longtemps leur humidité conviennent surtout à ces terrains.

Les terres siliceuses sont très propres à la culture du seigle, de la luzerne, des navets, de la pomme de terre, du sarrasin, du lin, des haricots, etc.

Les arbres à pépins, le bouleau, le châtaignier, le chêne, le pin, le peuplier blanc, le hêtre y acquièrent une force de végétation remarquable.

Les prairies ne sont réellement productives dans les terres siliceuses, que si l'année a été humide; les animaux qui y vivent sont en général de petite taille, mais ils sont agiles, vigoureux, sanguins et rustiques, parce que les herbes sont abondantes peu humides et d'excellente qualité.

—

Terres de Bruyères.

Ces terrains sont composés d'un mélange de sable fin, contenant du fer plus ou moins, et de débris de végétaux décomposés imparfaitement.

Ces terres manquent toujours de profondeur et de consistance; leur couleur varie du brun noir au brun rouge, selon la quantité d'oxyde de fer qui concourt à les former.

On ne peut guère parvenir à les modifier au point d'en faire de bons sols cultivables, qu'en ayant recours à l'emploi des stimulants calcaires. La chaux a une puissante action sur ces terrains; elle en modifie les propriétés nuisibles. La marne produit aussi d'excellents effets : par le marnage, le terreau perd de son acidité; la terre acquiert plus de consistance et se dessèche plus difficilement.

Cependant les terrains de Bruyères sont plus propres à être convertis en bois qu'en culture. Le bouleau, les pins, le châtaigner même, les couvrent d'une belle végétation, surtout quand le sol a une certaine profondeur et qu'il est un peu en pente.

Les défricheurs qui ont mis en pratique toute la patience, la prudence et le travail que nécessitent toujours des entreprises de cette nature, ne cultivent dans ces landes que des seigles, de l'avoine, des pommes de terre, des navets.

Terres tourbeuses.

Sous ce nom, on désigne une variété de terreau produit par des herbes qui se sont altérées sous les eaux, et qui existent en grande quantité à la partie supérieure de la terre.

La tourbe diffère cependant du terreau proprement dit, car les végétaux qui la produisent ne se décomposent pas à l'air et à l'état naturel ; elle est impropre à la culture et à la vie d'un grand nombre de plantes.

Les terrains tourbeux sont élastiques, légers et spongieux, d'une couleur brun-noirâtre ; ils brûlent facilement avec ou sans flamme.

Les fossés et les matières calcaires sont les seuls travaux et les seules substances que l'on puisse créer et appliquer pour améliorer les terrains tourbeux ; mais ce n'est qu'après la quatrième et même la sixième année, lorsqu'on a appliqué de la chaux, de la marne et du sable, qu'on peut s'y livrer à la culture des céréales.

Il faut malheureusement le constater, le froment, le seigle, etc., donnent sur ces terrains des grains d'une qualité inférieure et qui ne sont pas en rapport avec le poids de la paille. On obtient des résultats plus satisfaisants en les convertissant en prairies : la *houlque* laineuse, le *vulpin* des prés, le *fiorin*, les *trèfles* rouges et blancs y forment d'excellentes prairies.

Il a été observé que, pour avoir une coupe de foin avantageuse lorsque le résultat obtenu est d'abord insignifiant, il faut laisser pourrir sur le sol la seconde coupe de l'herbe que l'on ne peut convertir en foin sans beaucoup de difficultés.

En Belgique, près d'Audenarde, on abandonne la seconde coupe tous les deux ou trois ans, et l'année suivante, l'herbe arrive à une hauteur extraordinaire, la pourriture de cette dernière coupe opérant alors comme engrais sur la récolte suivante.

CHAPITRE IV.

Divers degrés d'humidité du sol.

De tous les caractères qui servent à classer les terrains agricoles, un des plus importants est encore le degré *d'humidité* du sol.

L'eau constitue en premier lieu la majeure partie des tissus des végétaux, et elle est indispensable à leur vie. C'est elle qui sert de véhicule aux divers éléments dont se compose l'organisation des plantes; car pour que les nombreux sels inorganiques que l'on retrouve à différents états dans le règne végétal puissent se transformer et constituer ainsi les parties dont se compose une plante, il faut qu'ils soient en dissolution dans un liquide, et ce liquide c'est l'eau.

En second lieu, l'eau des pluies n'est jamais pure ; elle est chargée de différents sels dont la présence dans le sol influe puissamment sur la manière d'être des terrains.

Enfin, suivant le degré d'humidité des terrains, ils se comportent sous les instruments d'une manière très-différente, et cette humidité exerce ainsi sur les systèmes de culture des influences variées mais incontestables.

—

Terrains humides.

Ces terrains rendent de si grands services dans quelques régions, qu'on les range parmi les meilleures terres. Ils exigent moins de travaux pour être convertis en terres arables que les terrains inondés. Ceux-ci pourraient aisément se transformer en étangs, mais les terrains humides ne peuvent que se transformer en terres arables, ou bien rester en pâturages.

Pour les cultiver, il faut avoir soin de les dessécher, car trop d'humidité empêche les engrais
de se décomposer ; l'eau en entraîne la plus
grande partie et empêche les plantes d'en profiter ; elle contrarie également les façons que l'on
donne au sol pour le nettoyer, en facilitant la végétation des plantes adventices.

Un sol trop humide reste froid et retarde la
mâturité des plantes. Il faut donc faire des travaux d'assainissement préalables, en ayant soin,
bien entendu, de comparer le prix des terres à
celui de la main d'œuvre, afin de juger si ces
travaux sont avantageux ou non. C'est dans de
pareils terrains que le drainage serait extrêmement utile.

On peut laisser ces terrains en pâturages
comme dans les prairies du centre de la France,
ou bien encore les boiser, ce qui se pratique
dans le centre et surtout dans l'est de la France;
cela n'exige pas de très-grands frais.

Dans les régions sèches et chaudes, un hectare
de terrain humide se paie quelquefois 1,200
1,500 et même 2,000 fr., alors que les terres
environnantes ne valent pas 200 ou 300 fr. C'est
que l'humidité dont ces terrains sont imprégnés

annonce ordinairement l'existence d'un cours d'eau d'une utilité inappréciable. On peut en faire aussi des prés égouttés en y pratiquant des rigoles. Des prairies égouttées rapportent beaucoup au moyen de quelques travaux d'assainissement seulement. Une partie des prés de la Hollande rentre dans cette catégorie et on peut en obtenir des produits presque inconcevables.

—

Terrains frais.

Un terrain frais est celui dans lequel il n'y a point cessation de végétation. Ces terrains sont les plus précieux, et donnent presque toujours les plus beaux résultats.

Ces terres sont extrèmement recherchées, surtout dans les régions chaudes et riches qui manquent de pâturages; elles renferment ordinairement une grande quantité de débris organiques, que la fraîcheur mate du sol rend solubles et assimilables aux plantes.

Dans le Nord, la plupart des terres sont fraîches, et c'est pour cela que l'on y voit des magnifiques cultures et qu'on obtient de très-beaux et très-abondants produits. On peut y adopter le système maraîcher et horticole avec d'autant plus d'avantages que c'est précisément dans le voisinage des terres de cette nature que l'on rencontre une grande agglomération de population.

Les terrains frais sont assez rares à la surface du globe ; on ne les rencontre guère que sur le versant des collines, presque à la base des montagnes et dans quelques vallées. La végétation ne s'y arrête ni en hiver, ni au printemps, ni en automne. En été, ces terrains sont humectés par la fonte des neiges et des glaces ; ils sont donc constamment frais et jamais inondés ; aussi, tous les travaux agricoles s'y font sans beaucoup de peine ; un ou deux chevaux suffisent à une charrue, même pour un labour assez profond

Terrains secs.

Ces terrains ont de nombreux inconvénients, surtout dans les régions méridionales et dans les climats chauds. Non-seulement la végétation y est suspendue en été, mais même le printemps et l'automne y sont très-secs. Aussi leur ensemencement est-il difficile.

On est même souvent obligé de renoncer à la culture, ou de changer les propriétés physiques et mécaniques du sol. Ce n'est alors qu'à force de capitaux et de travail que l'on peut cultiver ces terres avec avantage, et encore à la condition d'être à proximité d'une grande ville et d'avoir des débouchés faciles et assurés. Sinon il est préférable de les laisser en pacages. On ne rencontre pas dans le Nord des terres de cette nature.

En France, ces terres sont encore cultivables, parce qu'il y a d'assez nombreux débouchés; mais en Espagne, en Italie et en Afrique, leur culture est presque impossible.

—

Terrains très-secs.

Les terrains très-secs présentent les mêmes inconvénients à un plus haut degré ; la cessation de la végétation y est beaucoup plus longue; quelques végétaux seuls y croisseut; c'est ce que l'on observe dans la Champagne pouilleuse, dont on peut classer les terrains crayeux dans cette catégorie. Il faut, pour les cultiver, les entourer de plantations qui empêchent le rayonnement de l'évaporation de l'eau et attirent l'humidité de l'atmosphère. Ces terrains sont d'autant plus secs qu'ils sont plus pauvres; les labours profonds y sont d'une absolue nécessité. Il faut par conséquent faire à ces terres beaucoup d'avance, et pouvoir se procurer facilement des engrais; le boisement y est souvent très-difficile.

Terrains secs en été et humides en hiver.

Il est encore des terres sèches en été et humides en hiver. Ces terres sont les plus difficiles à faire valoir. Il faut, dans les terres sèches, faire des ensemencements de bonne heure, au printemps, afin que les plantes puissent prendre assez de vigueur pour résister à la sécheresse.

On peut remédier aux inconvénients des terres humides en semant assez tard, au mois de mai, par exemple; mais on ne corrigera pas de cette manière les défauts des terres sèches en été et humides en hiver.

En effet, l'été est trop sec pour permettre les ensemencements de printemps, et l'hiver est trop humide pour permettre les ensemencements en automne. C'est ce que l'on peut oberver dans la Sologne. Là les terres sont siliceuses, et cependant cette contrée est très-humide, parce que le sol est très-mince, et qu'au-dessous se trouve comme un plancher impénétrable d'une assez grande épaisseur, qui empêche les eaux de s'écouler dans le sous-sol, et les retient à la surface du terrain.

Dans de pareilles terres, il vaut mieux choisir des plantes à racines pivotantes qui aillent chercher l'humidité dans le sous-sol, et que la sécheresse ne puisse atteindre. On pourrait encore les boiser ou bien les mettre en bruyères et en retirer ainsi quelques pacages.

CHAPITRE V.

———

Degrés divers de tenacité du sol.

Après l'humidité, le caractère le plus important pour classer les terrains cultivables, c'est
leur degré de ténacité ; car le plus ou moins de
ténacité des terres oblige de modifier la répartition des travaux et fait varier d'une manière extrêmement remarquable la quantité de main-
d'œuvre à consacrer au sol ; par conséquent
cette manière d'être des terrains augmente
ou diminue sensiblement les frais généraux
d'une exploitation. C'est donc une circonstance
particulièrement économique et d'une impor-

tance assez grande pour que nous en disions quelques mots.

—

1° *Terres fortes.*

Les terres fortes sont très-difficiles à cultiver. Le soc de la charrue a de la peine à trancher le sol, et le versoir renverse difficilement la bande de terre qui est très-lourde et dont les molécules sont très-adhérentes. Il faut au moins quatre chevaux et deux hommes pour labourer des terres de cette nature, et ils ne font que 30 à 40 ares par jour.

Ces terres exigent deux labours par an et des hersages multipliés.

En outre la répartition des travaux y est mauvaise; la moindre pluie empêche de travailler et occasionne de fréquentes pertes de temps.

Les sécheresses de l'été et les gelées de l'hiver arrêtent aussi les travaux. Les façons ne peuvent être données à la terre ni trop tard en automne, ni trop tôt au printemps. Il faut donc saisir au vol les quelques instants passagers pendant lesquels il est possible de travailler; de là, nécessité de nombreux attelages, d'autant plus nombreux que l'on fait peu d'ouvrage par jour; aussi les plantes dont la culture demande l'emploi des chevaux doivent donner de très-forts produits pour couvrir les frais; c'est ce qui se présente généralement; les terres fortes sont ordinairement de bonne nature; elles sont riches, les fumiers y produisent tout leur effet et ces avantages compensent un peu les inconvénients de la mauvaise répartition des travaux.

Dans les terres fortes, le mobilier d'exploitation doit donc être plus considérable que pour les terres légères; le prix en sera aussi plus élevé; par conséquent de pareilles exploitations, nécessitant plus de frais, doivent aussi donner plus de produits; sinon leur culture est ruineuse, ce qui n'arrive que trop souvent.

Les terres fortes ont l'avantage de s'enherber facilement, ce qui favorise les petits cultivateurs qui n'ont pas de prairie et qui font paître leurs bestiaux sur les chaumes des céréales; dans ce cas les bêtes à cornes sont préférables aux bêtes à laine, qui y contractent facilement la cachexie et dont la laine y est très-grossière.

Une fois épuisées il est difficile d'améliorer ces terres. Elles incorporent si bien les engrais, que les premières fumures n'y font pas d'effet, et que les plantes ne peuvent en profiter. Cette faculté de retenir les engrais les rend précieuses aux cultivateurs pauvres qui n'ont que peu de capitaux à consacrer au sol et qui peuvent en retirer d'assez beaux produits avec de faibles avances.

Les pommes de terres et les betteraves ne s'y plaisent pas et leur récolte y est difficile. En outre, les binages doivent être très-nombreux, car la pousse des herbes y est prompte et facile, et tout bien considéré la culture des racines dans ces terrains est dispendieuse et donne peu de produits.

—

2° *Terres de consistance moyenne.*

Les terres de moyenne consistance donnent des labours moins difficiles : deux ou trois chevaux et un homme suffisent pour conduire une charrue et font plus de besogne que dans les terres fortes. L'allure des chevaux y est plus rapide, non-seulement parce que la difficulté du travail est moins grande, mais parce qu'ils ont l'habitude d'aller plus vite. On peut y faire de 40 à 50 ares par jour et le prix de l'heure de travail du cheval est moins élevé.

L'amélioration de ces terres est aussi plus prompte et plus facile; la culture des racines y est plus avantageuse; les herbes poussent assez rapidement après les céréales pour que les troupeaux trouvent encore de quoi pâturer pendant l'automne.

—

3° *Terres légères.*

Les travaux sont extrêmement faciles dans les terres légères : un seul cheval ou deux petits suffisent pour conduire la charrue et faire de 45 à 50 ares par jour. Le prix de l'heure du cheval y est très-bas, parce que l'on peut aborder ces terres en tout temps et que l'année compte beaucoup de jours ouvrables. Les façons doivent nécessairement y être moins nombreuses que dans les terres fortes; les binages y sont moins multipliés, car ces terrains s'enherbent difficilement. La culture des racines y est donc peu coûteuse ; elles y prennent d'ailleurs un grand développement et sont de qualité supérieure.

Il y a des terres légères siliceuses et des terres légères calcaires. Ces dernières conviennent bien aux céréales. Le seigle et le sarrasin réussissent mieux dans les premières.

Les terres légères sont très-difficiles à améliorer. Les fumures doivent y être peu abondantes mais souvent renouvelées; car elles ne retiennent pas aussi bien les engrais que les terres fortes; les eaux de pluie les traversent facilement et entraînent dans le sous-sol une partie des engrais dont l'évaporation est aussi très-prompte.

Pour les terres légères siliceuses, il y en a qui sont composées de grains assez gros de gravier; on les appelle terres *graveleuses*. Ce sont les plus difficiles à améliorer; on ne peut y faire de cul-

ture avantageuse, elles se gazonnent très-diffici-
lement.

Il en est qui, composées d'un sable fin, sont
plus faciles à améliorer, quand toutefois le sable
n'est pas mouvant.

Il y en a d'autres dont le grain est très–bleu
et très-fin ; on les appelle *Sablons*. Ce sont des
terres sèches en été et humides en hiver comme
celles de la Sologne. Au-dessous de la couche
arable, il se trouve un sable ferrugineux, très-
compact qui empêche les eaux de se perdre dans
le sol et les retient à la surface de la terre.

La facilité des travaux permet l'emploi des
labours profonds, des marnages, des fumures
fréquentes, ayant pour effet de transformer les
terres légères en terres fraîches et de consistance
moyenne très–favorables à la production de la
plupart des plantes cultivées. Aussi n'est-il pas
rare de voir des terres légères dans la vallée de
la Seine avoir une valeur de 4,000 à 6,000 francs
l'hectare.

Cela s'explique aisément ; le système maraîcher qui exige de nombreuses façons est moins
coûteux dans ces terres, et comme elles sont
alors fort recherchées par les nombreux maraî-

chers des environs de Paris, il n'est pas étonnant de leur voir une valeur aussi élevée.

Quand les animaux étaient nombreux et que, par suite leur valeur échangeable était peu élevée, la culture des terres fortes pouvait offrir certains avantages. Mais aujourd'hui que les animaux de travail sont plus rares et ont plus de valeur, et que d'un autre côté on se procure plus facilement du fumier, la culture des terres légères tend à prendre de l'extension, ces terres donnant des récoltes plus hâtives dont les produits se vendent plus cher.

CHAPITRE VI.

____

Influence du climat.

Le climat a une influence considérable sur les diverses productions de la nature, et la connaissance de ses effets dans chaque région est de la plus haute importance pour l'agriculteur.

Nous allons indiquer successivement l'état de l'agriculture dans les principales régions, et les conditions que le climat y a faites au travail de l'homme.

Région glaciale.

Cette région forme l'extrémité septentrionale de l'Europe. Bien qu'habitée par des populations nombreuses, elle ne compte aucune industrie agricole. Par suite de l'intensité du froid et de l'absence de lumière pendant une grande partie de l'année, la végétation y est très maigre et restreinte à un petit nombre de plantes à racines courtes et traçantes. La terre restant constamment gelée presque jusqu'à la surface, les plantes à racines longues et pivotantes ne pourraient s'y développer. Les mousses et les lichens peuvent seuls végéter sur un pareil terrain et sont la principale ressource des animaux domestiques de cette région, des rennes, qui s'accoutument assez bien à cette nourriture, à laquelle les hommes sont eux-mêmes quelquefois obligés de recourir. Certains arbustes, tels que le bouleau nain, par exemple, ne dépassent jamais la hauteur de 1 m. à 1 m. 50 c., et fournissent aussi quelques ressources aux troupeaux de rennes qui en broutent les jeunes pousses.

Il est difficile, sinon impossible, d'introduire dans cette région l'industrie agricole, et pendant les longs hivers de ces contrées désolées, les populations doivent trouver leurs subsistances en dehors de l'agriculture; aussi ne se nourrissent-elles que de poissons.

—

Région froide.

Cette région, qui embrasse la plus grande partie de la Russie et de la presqu'île scandinave, est celle des pâturages d'été.

Toutes les céréales et la plupart des plantes de nos jardins y sont cultivées presque jusqu'au cap Nord. Le lin y réussit assez bien.

Le temps excessivement court pendant lequel la végétation peut s'y développer, place l'agriculture de ces contrées dans des conditions extrêmement défavorables. En effet, la neige ne disparaît guère avant la fin du mois de juin. Il faut alors se hâter de labourer et de semer, car si huit jours après la fonte des neiges on ne l'a pas fait, il est trop tard.

Il faut, en outre, que les récoltes soient enlevées dans le courant du mois d'août, sinon les neiges tombent avant la moisson et les cultivateurs sont obligés de sécher leurs grains à l'ardeur du feu.

La végétation étant de courte durée, la mâturité est prompte, mais il se forme peu de produits; les céréales ont beaucoup de qualité, mais elles rendent peu. Aussi se borne-t-on à ensemencer en céréales, ce qui est nécessaire aux besoins personnels du cultivateur.

Ce qui vient surtout en aide à ces populations malheureuses ce sont les forêts, qui les défendent contre des froids excessifs et leur donnent du travail pendant les longs intervalles du chômage de la culture.

Les troupeaux se nourrissent, l'été, dans les pâturages dont l'herbe est très-vigoureuse. Pendant le reste de l'année, les forêts leur fournissent des jeunes pousses que savent digérer les animaux robustes de la contrée. L'écorce des arbres leur sert elle-même d'aliment. En Norwège, le cultivateur est obligé quelquefois de nourrir sa famille avec le bois, dont il prend les parties tendres qu'il dessèche, et avec lesquelles il fait une espèce de farine que l'on mêle avec celle de froment pour en faire du pain.

L'outillage du cultivateur de la région froide doit être très-économique, car il sert deux ou trois mois à peine. Il faut donc que la construction en soit assez simple pour qu'il puisse les fabriquer lui-même pendant les longs loisirs de l'hiver.

—

Région froide tempérée.

La région froide tempérée embrasse une partie de la Suède, de la Norwège et du Danemark, la partie sud-ouest de la Russie, une partie de la Pologne, la majeure partie de la Prusse, de la Hollande, une partie de la Belgique, une faible partie de la France, une partie de l'Angleterre et la majeure partie de l'Ecosse.

Les neiges fondent dans cette région dès le mois de mars ou d'avril, et n'y paraissent qu'en novembre ou décembre seulement. Les gelées y sont également de plus courte durée. Le printemps et l'automne y sont sensibles.

Il s'en suit que le cultivateur a le temps de préparer ses terres pour les ensemencements d'automne, et qu'il peut utiliser un grand nombre de plantes, telles que le lin, le colza, la navette, etc., qui viendraient bien dans la région froide, mais qu'on n'a pas le temps d'y cultiver. On peut aussi donner à la culture des céréales un grand développement. La majeure partie des blés importés en France, en Angleterre, en Hollande, viennent de cette région.

Seulement, la constance de l'humidité dans ces contrées rend les travaux du cultivateur très-irréguliers. Les pluies les interrompent fréquemment et pour un temps d'autant plus long que la terre ne s'y dessèche presque jamais complètement.

Mais cette humidité est très-favorable à la pousse de l'herbe, qui se maintient fraîche la plus grande partie de l'année. De là vient que l'élevage du bétail est devenu dans ces contrées la principale production.

L'industrie rurale de cette région est excessivement variable d'une localité à l'autre; cependant elle tend, en général, à revêtir la forme de l'agriculture pastorale.

—

Région tempérée humide.

Au-dessous de la région froide tempérée, se trouve la région tempérée humide ou à pâturages continus. Elle embrasse une partie de l'Angleterre, l'Irlande tout entière, et une partie de la Normandie, du Poitou et de la Bretagne.

Dans cette région, la végétation commence de très-bonne heure au printemps et très-tard en automne; les céréales et les graminées y végètent presque constamment.

Le temps qui s'écoule depuis les semailles

jnsqu'à la moisson est très-long, et le cultivateur a une très-grande latitude pour les travaux de la culture. De plus, comme dans la région précédente, on peut faire des ensemencements d'automne ; la culture arable y est donc placée dans de très-bonnes conditions.

Les hivers étant peu rigoureux dans ces contrées le bétail trouve constamment dans les pâturages une quantité suffisante de nourriture.

On y dispose les terres en enclos avec des abris en pierres sèches ou en haies vives. Ces abris sont indispensables, quoiqu'ils perdent du terrain, ils préservent les animaux des vents violents qui les fatigueraient beaucoup, et ils ont d'ailleurs une influence heureuse sur les pâturages eux-mêmes, car la rosée y persistant plus longtemps, le sol reste humide, ce qui favorise la croissance de l'herbe.

Les pluies sont fréquentes et continues dans cette région. Les travaux se trouvent dès lors forcément interrompus, car une pluie, même peu abondante, exerce sur le sol une action durable et arrête les travaux pendant un temps très-long, comme cela se voit en Irlande.

L'agriculture souffre nécessairement de cet

état de choses, qui favorise néanmoins la production du bétail. Et si en Angleterre l'agriculture est très-perfectionnée, ce n'est que grâce
aux sommes énormes que l'on enfouit dans le
sol sous forme de drainage et autres procédés
plus dispendieux encore, à l'aide desquels on est
parvenu à vaincre l'humidité du sol.

Région tempérée mixte.

La région tempérée mixte ou à pâturages de
printemps et d'automne, embrasse la majeure
partie de la France, la Suisse, une grande partie
de l'Allemagne et de la Pologne, enfin une partie de l'Autriche et de la Russie.

La moyenne annuelle des pluies y est moins
considérable que dans la région précédente, et,
comme l'atmosphère y contient beaucoup moins
de vapeur d'eau, le sol n'y reste pas aussi long-

temps humide, d'où résultent des variations plus brusques dans la température.

La première conséquence de ce fait, c'est qu'il y a dans la région tempérée mixte deux cessations de végétation, une en hiver et une autre pendant l'été; pendant quatre ou six mois, l'herbe ne pousse plus. C'est un grave inconvénient que le cultivateur parvient à force de soin à atténuer en partie, mais il lui faut pour cela des capitaux assez considérables.

La spéculation du bétail et l'engraissement aux pâturages n'y sont pas placés dans d'aussi bonnes conditions que dans la région des pâturages continus.

Quant à la cessation de végétation, ce n'est pas une condition nécessairement fâcheuse pour la plupart des plantes cultivées, car la sécheresse qui provoque cet arrêt complète la mâturation des céréales et donne de la qualité aux grains.

L'Angleterre est sous ce rapport, moins favorisée que la France, car les cultivateurs anglais sont obligés de faire beaucoup plus de frais que nous, à cause de la difficulté de mâturation des grains. Il faut en outre qu'ils se donnent beaucoup de peine pour sauver leurs moissons.

Chez nous, au contraire, on peut pendant l'été rentrer les récoltes, et pendant l'hiver les gelées facilitent également les transports. De plus, les alternatives de sécheresse et de gelée rendent la terre facile, souple, et la font se débiter facilement. Il en résulte que les plantes font plus aisément pénétrer leurs radicelles dans ces terres désagrégées, et que quelques labours faits en temps opportun suffiront pour maintenir le sol en très-bon état.

C'est la raison qui fait en France, donner la préférence à la culture arable, tandis qu'en Angleterre on se livre généralement à la production du bétail.

Région tempérée sèche.

Ce qui caractérise surtout cette région, qui s'étend depuis la Hongrie jusqu'à l'est de l'Asie, et confine au Nord avec les régions froides, et au Sud avec les régions chaudes, c'est une grande sécheresse, des pluies rares et une évaporation extrêmement prompte augmentée par cette sécheresse.

· Le froid y est très-vif en hiver, très-prolongé; en été, les chaleurs y sont extrêmement fortes et longues, de sorte que le printemps et l'automne y sont envahis par les deux autres saisons.

Comme ce n'est que pendant le printemps et l'automne que les travaux de culture arable peuvent être exécutés, ces deux saisons étant courtes dans cette région, le cultivateur ne peut exploiter qu'une faible étendue de terrain, souvent insuffisante pour ses besoins, et une grande partie des terres doit rester en friche, abandonnée à la production spontanée du sol.

Pendant l'été, la terre est trop ferme, trop dure pour être labourée; le système pastoral semble donc devoir l'emporter de beaucoup sur le système arable et c'est effectivement ce qui a lieu.

Mais le bétail doit y être vigoureux et doué d'un tempérament très-rustique pour résister à la chaleur des étés, à la rigueur des hivers et aux fatigues que leur causent les longues marches qu'ils doivent faire pour trouver une nourriture suffisante dans ces maigres pâturages.

On rencontre dans cette région de vastes steppes, espaces immenses presque dépourvus de végétation et renfermant de nombreuses racines, qui augmentent encore l'infertilité du sol. On comprend alors combien il est difficile au système arable de s'y implanter. Le système pastoral lui-même se trouve placé dans de fort mauvaises conditions. Aussi y est-il nomade.

Les variations brusques et considérables de température occasionnent des maladies terribles qui déciment les bestiaux. La plupart des épidémies sur les animaux, telles que la péripneumonie gangreneuse et la fièvre aphteuse nous ont été transmises de la Valachie ou de la Russie méridionale.

Dans cette région l'espèce humaine est également en proie aux ravages de la peste et du choléra asiatique.

—

Région chaude tempérée.

Cette région embrasse l'Espagne, une partie de la France méridionale, l'Italie, la Grèce, le Nord de l'Afrique, nos possessions d'Algérie, par conséquent la majeure partie du bassin de la Méditerranée.

Dans ces contrées l'influence du soleil, est très-énergique. Si la végétation n'est plus arrêtée en hiver, elle l'est à peu près complètement pendant l'été.

En outre, cette dernière saison est assez longue et sèche pour interrompre tous les travaux; la charrue ne peut rien faire dans un sol profondément durci; les chaumes des céréales ne peuvent pas être rompues; il faudrait pour cela des instruments d'une énergie trop puissante.

Tous les travaux de labour doivent être faits en automne ou plutôt en hiver. Ils sont ainsi extrêmement multipliés dans une saison où les pluies commencent à tomber; on ne peut donc développer beaucoup de travail et cependant il faut que tous les travaux soient faits ; aussi dans bien des parties de cette région on se contente d'écorcher le sol auquel on confie la semence tant bien que mal.

Les deux tiers des terres restent incultes. Ce fait se produit déjà dans la France méridionale où la culture est magnifique dans les vallées, mais n'existe presque plus sur les côteaux.

La principale ressource de l'industrie rurale dans cette région est donc encore la production du bétail, et son meilleur système de culture, le système pastoral.

Mais le bétail n'y est pas placé dans d'heureuses conditions : s'il y trouve l'hiver une nourriture abondante, il est loin d'en être de même en été où les herbes sont desséchées. Il faut alors que les troupeaux se réfugient dans les tailles dont ils rongent les jeunes pousses, et qu'ils parcourent des espaces souvent considérables pour aller passer l'été dans les montagnes.

Les bêtes à laine sont celles qui conviennent le mieux au climat chaud tempéré, car les pâturages étant pauvres et peu abondants, les animaux de petite taille broutant l'herbe de très-près, peuvent y vivre plus facilement que les autres.

La terre, dans ces contrées, donne en général des produits magnifiques quand elle a été bien préparée, et l'on cite comme n'étant nullement exagérés des rendements de 30 fois la semence pour le froment, et de 50 fois pour l'orge.

Mais cette fertilité ne tient pas tant à la nature du sol qu'à l'activité du soleil et aux rosées abondantes qui baignent la terre toutes les nuits. Les plantes ont aussi une valeur nutritive plus grande que dans nos climats septentrionaux.

Ainsi toutes les fois que l'on peut ajouter l'irrigation à la chaleur naturelle et à l'activité des rayons du soleil, on décuple souvent la valeur des terrains et l'on obtient au moyen de l'eau toutes sortes de produits.

En résumé, le système de culture de la région chaude est assez complexe. Partout où il y a de l'eau le terrain devenant extrêmement précieux, le cultivateur doit s'efforcer d'en obtenir des produits d'autant plus multipliés qu'il en obtient moins ailleurs. En outre, la culture des arbustes y doit prendre un grand développement; elle

aide puissamment à trouver une bonne répartition des travaux, et à l'alimentation du bétail.

—

Région chaude.

La région chaude dont les limites sont extrêmement variables, entoure les déserts de l'Afrique et de l'Asie.

Ce qui la caractérise, c'est l'impossibilité d'y
établir une culture ailleurs que dans les endroits
arrosés.

Le seul système de culture qui convienne à
ces contrées, est le système maraîcher, car plus
la quantité de terres que l'on ne peut cultiver est
considérable, plus les terres cultivables ont de
valeur et par conséquent plus il est avantageux
de leur consacrer une forte quantité de capitaux
et de travail.

On ne saurait tirer parti de ces vastes surfaces
que la charrue ne peut entamer avec avantage

que par le moyen du bétail, mais on conçoit qu'il y est placé dans des conditions bien plus mauvaises encore que dans la région précédente, et que les animanx de la région chaude doivent être extrêmement robustes, vigoureux et endurants, pour franchir souvent en peu de jours des espaces immenses, soit pour fuir la poursuite des ennemis ou des maraudeurs, soit pour trouver plus aisément leur nourriture.

Il faut donc beaucoup d'espace dans ces contrées pour nourrir un troupeau, c'est pourquoi tous les pasteurs y sont nomades et vivent sous la tente afin de transporter facilement leur demeure.

Le manque de réussite pour les personnes et pour les choses ne permet pas à l'agriculteur de faire de grandes avances; aussi cherche-t-il avant tout à profiter des fruits spontanés de la terre. Les dattiers, l'arbre à pain et le cocotier fournissent leurs fruits aux populations extrêmement sobres de ces contrées peu hospitalières.

Dans la région chaude, toutes les fois que le terrain est humide ou qu'il y a des pluies, la végétation est luxuriante. Malheureusement, la chaleur, jointe à l'humidité, y engendre des maladies terribles qui dominent et épouvantent les populations.

—

Région torride.

Au point de vue agricole, cette région n'existe pas, car elle n'est pas habitable, et toute culture y est impossible. C'est tout au plus si les populations nomades de la région chaude peuvent de temps en temps, pendant l'hiver, faire quelques excursions dans cette contrée brûlante, de même que les Lapons et les Esquimaux se hasardent pendant l'été au milieu des glaces polaires.

—

Région des montagnes.

Cette région se rencontre dans toutes celles dont nous venons de parler; ce qui la caractérise, c'est la difficulté des transports, des communications et de l'accès des lieux.

Les climats des montagnes se rapprochent souvent des climats les plus doux et les plus favorables à l'agriculture, surtout dans le midi, où la culture du blé y serait possible. Mais à cause des difficultés de transport, on ne peut guère cultiver que la vigne ou y appliquer l'industrie du bétail, les troupeaux pouvant aller chercher leur nourriture et rapporter leurs produits sans dépense pour l'homme.

Pendant l'hiver, les troupeaux trouvent leur nourriture à la base des montagnes, mais à mesure que l'été s'approche, ils s'élèvent de plus en plus pour trouver des pâturages d'été.

On peut donc dire que dans cette région, les pâturages sont continus. Les montagnes du Dauphiné, des Cévennes, des Alpes, de l'Auvergne, etc., exercent une grande influence sur les troupeaux environnants qui vont y passer l'été.

Dans les vallées, la culture est forcément arable, car il est indispensable de se procurer une nourriture d'hiver abondante pour les bestiaux que l'hiver fait descendre des hauteurs, et de cultiver des grains pour les besoins des possesseurs de ces troupeaux et des agriculteurs.

CHAPITRE VII.

Substances fertilisantes.—Amendements.—Engrais.
Ecobuage.

Les amendements servent à corriger les défauts de certaines terres par le mélange de substances qui, par exemple, les rendent légères, si elles sont trop compactes, et plus consistantes, si elles sont trop légères.

L'argile calcinée, mise en poudre, est un excellent amendement pour les sols argileux et froid, pour les terres trop fortes, qu'elle rend plus perméables à l'eau. Elle augmente la porosité du sol, et le rend capable d'observer et de retenir

6.

beaucoup mieux les gazes utiles à la nourriture des plantes.

Par la même raison, la cendre de houille est aussi très utilement employée. En Belgique, on s'en sert pour diviser les terres humides et fortes. Essayée sur les terrains secs, elle ne produirait que de mauvais résultats.

Les cendres de bois ont l'avantage d'introduire dans le sols des sels stimulants, et une grande quantité de carbonate de chaux, très utiles dans les sols privés ou peu pourvu de calcaires.

Les cendres de mer, ou résidu de la combustion des plantes marines; contiennent une plus plus forte proportion de sel marine, de sulfate de soude et de potasse que toutes les autres cendres. Ainsi, leur action stimulante est-elle bien plus énergique.

Un mélange à parties égales de snie et de cendre de bois produit un amendement préférable à la suie employée seule.

La chaux sèche et éteinte, convient aussi à un grand nombre de terrains, mais elle ne remplace jamais le fumier. Le sol s'épuiserait bientôt si on le chaulait sans lui donner d'engrais.

La marne, que l'on trouve dans beaucoup

d'endroits, notamment dans l'arrondissement de Laon (Aisne), est une terre improductive par elle-même, mais qui, répandue comme la chaux, produit un bon effet sur les sols argileux et sablonneux.

Le plâtre, pierre calcaire réduite en poudre par l'action du feu, constitue un amendement précieux : 2 hectolitres par hectare répandus au printemps suffisent pour tripler une récolte en luzerne, sainfoin où trèfle.

L'Ecobuage est une opération qui consiste à couper et nettoyer avec une espèce de pioche recourbée en forme de houe *(écobue)*, les terrains couverts de broussailles, de gazons, etc. Cette opération se fait ordinairement au printemps. Quand ces broussailles et ces gazons sont secs et mis en tas, on les brûle, puis la cendre est répandue sur le champ qui est ensuite labouré et ensemencé.

Certains pays pauvres, ne possèdent pas d'autre méthode d'engrais; lorsque le terrain a produit deux ou trois ans, ils le laissent en friche pour le brûler quand il est de nouveau couvert de broussailles.

Des fumiers.

Leur utilité, soins à leur donner. Fosse à purin. Inconvénients de laisser le fumier étendu dans les cours.

Les engrais, et particulièrement les fumiers, sont les plus puissants et les plus sûrs moyens de la reproduction. Un laboureur intelligent s'efforcera donc toujours d'en tirer le parti le plus avantageux et le plus efficace.

Pour la salubrité et aussi pour la valeur du fumier, il est préférable de vider les écuries au moins tous les 8 ou 15 jours, et même plus souvent en été, à cause de la fermentation rapide qui se manifeste alors.

Un long séjour dans les écuries nuit à la qualité du fumier, et produit surtout des exhalaisons qui sont toujours funestes à la santé des animaux.

Le laboureur soigneux, placera son fumier dans un endroit de sa cour qui soit en pente; il recouvrira le sommet du tas avec de la terre ou du terreau excellent, soit pour les semis, soit pour les jardins.

Puis il pratiquera tout autour de ce tas, avec des tuiles, des ardoises et de l'argile, une petite rigole qui recevra le purin, ou jus de fumier, et le conduira dans une fosse.

Pour faire cette fosse, on creuse le sol en rond ou en ovale; puis on enduit la surface extérieure avec de l'argile que l'on bat fortement avec un pilon et la bêche.

Cette fosse, que l'on devrait avoir dans toutes les fermes, reçoit non-seulement le purin, mais les eaux qui ont lavé les cours, etc.

De temps en temps on la vide pour en arroser le fumier, où bien après l'avoir très-fortement mélangée avec de l'eau, on s'en sert pour arroser les prairies ou les champs dont les plantes présentent un aspect chétif. On obtient ainsi des résultats merveilleux.

La méthode qui consiste à étendre le fumier à la fourche dans les cours est très-nuisible : l'air dans lequel les habitants de la ferme vivent alors, est constamment vicié, ce qui peut engendrer des fièvres et autres maladies pernicieuses, surtout pour les enfants.

Cette méthode est très-désavantageuse aussi pour la qualité du fumier; sa partie superficielle offrant à l'air une grande surface, il en résulte une certaine évaporation des sucs qui doivent nourrir les plantes et fertiliser la terre.

De plus, le purin qui reste va généralement se perdre à travers les chemins, dans le village; il va engraisser le champ du voisin et il ne reste alors au fermier maladroit que de la paille sèche et des excréments durcis, dépouillés de leurs principes fertilisants.

—

Emploi des fumiers.

Il est reconnu que le fumier le moins décomposé produit le moins d'effets sur la terre; il faut le charroyer sur le champ le plus souvent possible. Il paraît à peu près hors de doute que le fumier, même en temps de sécheresse, et cela pendant des semaines, des mois entiers, loin de perdre sa qualité, gagne au contraire.

Cette assertion paraîtra incroyable à ceux qui n'ont fait aucune expérience à ce sujet ; il semble plutôt que le fumier doit perdre par l'évaporation, et généralement on a conseillé de se hâter de l'enterrer aussitôt qu'il est répandu ; mais des observations faites par des cultivateurs expérimentés semblent démontrer le contraire.

L'évaporation du fumier est probablement moins grande qu'on ne le croirait ; quand le temps est humide, les sucs sont entraînés dans le sol, pendant la sécheresse il n'y a point de décomposition.

Il ne peut donc assurément y avoir aucun inconvénient à répandre le fumier sur le sol, lors même qu'il devrait y demeurer quelques temps avant d'être enterré ; mais c'est un usage très-vicieux et très-nuisible de le laisser en petits tas en déchargeant les voitures.

Beaucoup d'agriculteurs préfèrent voir enterrer le fumier par un labour, afin que le sol subisse l'action de la fermentation, et s'imprègne plus parfaitement des gaz qui se dégagent alors.

Mathieu de Dombasle (célèbre agronome mort en 1843), dit dans son calendrier qu'on peut, dans beaucoup de cas, employer le fumier très-avantageusement, frais et sortant de l'étable; employé ainsi, il produit presque toujours des effets aussi prompts et plus durables.

Plus loin ce savant dit encore : on peut enterrer le fumier par des labours, ou le répandre par-dessus les semailles ou les récoltes en végétation.

Et enfin il ajoute : dans les sols légers, sablonneux et calcaires, le fumier frais ou même consommé produit en général bien plus d'effet lorsqu'on l'applique sur le sol au lieu de l'enterrer; on peut le répandre, soit au moment de la semaille, soit au printemps sur les récoltes en végétation, soit même pendant l'hiver, sur une terre qui doit être labourée au printemps, pourvu toutefois que le sol ne soit pas en pente, de manière que les pluies puissent entraîner les sucs du fumier hors du champ.

Quoique cette méthode d'appliquer le fumier soit en opposition avec la théorie, qui fait supposer qu'on perd dans ce cas une grande quantité de principes volatiles regardés comme très-précieux, l'expérience se prononce si fortement en sa faveur, qu'on ne devrait pas hésiter de la suivre.

Engrais humains.

—

Il est bien regrettable que l'on n'imite pas partout les bonnes pratiques des pays qui savent utiliser les prodigieux effets de l'engrais humain; à peine applique-t-on en France, à l'agriculture, l'engrais d'un cinquième de la population; cependant tout ce qu'on perd ainsi, réduit en poudrette ou mélangé à d'autres substances, pourrait faire produire au sol le quart des grains et denrées nécessaires à la nourriture de la population tout entière.

Il est prouvé qu'un homme donne, par an, une quantité suffisante pour engraisser 30 ares de terre, qui peuvent aisément produire 40 kilog. de grains.

Or, un homme ne consomme que 300 kilog. de pain par an; donc en utilisant les excréments humains, les cendres de bois, la tourbe, les matières animales ou végétales, on pourrait se passer sinon entièrement, du moins en grande partie, du fumier des bestiaux, qui est toujours d'un coûteux entretien.

Nous pourrions citer, comme exemple, un cultivateur intelligent qui, dans le Soissonnais, a su en très peu de temps, et avec un capital très faible, acquérir, par l'emploi des engrais humains, une fortune relativement considérable, tout en rendant les plus grands services à l'agriculture.

On a calculé qu'un sol susceptible de produire, sans aucun engrais, trois fois la semence qui lui est confiée, donnerait, pour une superficie égale :

Avec des herbes sèches, du vieux foin, et autres débris végétaux :   5 fois la semence.
Avec du fumier d'étable :   7   id.
Avec de la colombine .   9   id.
Avec du fumier de cheval :   10   id.
Avec les excréments humains : 14   id.

Des fumiers de ville.

—

Le plus grand nombre des cultivateurs s'en servent après les avoir laissés reposer longtemps; beaucoup même hâtent la décomposition de cette espèce de fumier en y mêlant de la chaux et en remuant la masse à plusieurs reprises.

Ce n'est qu'aux environs des grands centres de population qu'il peut y avoir avantage pour le cultivateur à faire usage du fumier de ville; quelque peine qu'il en coûte pour le recueillir et le transporter, il revient encore à meilleur marché que le fumier des étables qu'il faut acheter.

Le cultivateur qui vend sa paille et son fourrage en ne gardant que ce qu'il lui faut pour l'entretien de son attelage, et qui emploie une partie du produit à acheter le fumier de la ville dont il est proche, fait toujours une très bonne affaire.

L'effet de cet engrais dure de 3 à 4 ans, et l'on estime généralement qu'une voiture vaut 3 ou 4 voitures de fumier de bêtes à cornes. Toutefois, ce fumier opère mieux sur les terres argileuses fortes, sur les terres à blé que sur les autres natures du sol.

A Melle, dans le département des Deux-Sèvres, l'artisan, l'ouvrier, jettent dans leurs caves les balayures de la rue et de la maison, de la terre de jardin, ainsi que les résidus de la cuisine; ils arrosent avec des eaux grasses la masse qu'ils remuent de temps en temps pour opérer le mélange.

Ils fabriquent ainsi un engrais de première qualité qu'ils vendent ensuite environ trente francs la charretée; cet engrais est sec et peut-être semé à la main.

Nous terminerons ce que nous avons dit sur les engrais et amendements en donnant divers *composts* (mélanges d'engrais) recommandés à l'attention des bons agriculteurs.

1°

Compost Bourbonnais.

—

1 à 2 hectolitres de colombine (*fiente de volaille*).

3 à 4 hectolitres de cendres.

10 tombereaux de curures de route.

Ces quantités suffisent pour produire un excellent effet sur les terres.

2°

Autre compost revenant à 2 francs l'hectolitre.

—

Fumier consommé........................	350 k.
Colombine.............................	100
Purins, urines........................	25
Sang de boucherie.....................	25
Terre.................................	200
Sable.................................	100
Chaux.................................	50
Charbon végétal en poudre.............	100
Cendre	50
	1,000 k.

3°

Compost simple.

—

Uue couche d'herbages provenant d'étangs, une couche de chaux vive, de cendres, de suie, une couche de paille et d'herbages, une couche de chaux, etc.

Ces superpositions sont répétées jusqu'à l'accu-

7.

mulation d'une voiture au moins; ensuite, au moyen de trous traversant l'épaisseur de ces différentes couches, une certaine quantité d'eau est introduite de manière à bien imbiber les substances et à préparer la dissolution des matières alcalines et salines. On se procure ainsi un très bon engrais.

Levain d'engrais.

—

125 kilog. matières fécales et urines.

25 kilog. suie de cheminée.

200 plâtre en poudre, ou limon de rivière, ou poussière des chemins.

300 chaux non éteinte.

10 cendres de bois non lessivées.

0,500 sel marin.

0,300 salpêtre brut.

On délaie ces matières dans un bassin avec assez d'eau pour faire 10 hectolitres de lessive qui suffira pour convertir en fumier 500 kilog. de paille ou 100 kilog. de matières végétales (genêts, bruyères, ajoncs, roseaux, etc.), qui produisent 200 kilog. d'un fumier revenant à 8 ou 10 francs les 100 kilog.

CHAPITRE IX.

—

Culture du sol. Coup d'œil sur les différents système. Instruments de culture.

L'agriculture, comme beaucoup de choses ici bas, ne saurait être soumise à une loi générale. Elle s'est modifiée chaque jour, suivant le temps, les lieux et les circonstances; son histoire est intimement liée à celle des peuples.

Nous croyons utile de jeter un coup d'œil sur la marche que cette science a suivie en présence de l'augmentation de la population, de produits nouveaux et de mille autres causes, dont le détail ne peut trouver place dans un ouvrage élémentaire.

Avant de passer à la description des instruments aratoires, nous examinerons donc rapidement, en en faisant ressortir les inconvénients et les avantages, les différents systèmes de culture suivants :

1° Système pastoral.

2° Système mixte.

3° Système arable.

4° Système céréal et fourrager.

5° Système maraîcher.

6° Système des étangs.

Système pastoral.

Abandonnée à elle-même, la terre se compose de végétaux différents, selon la profondeur, la nature et l'humidité du sol : ici ce sont de vastes forêts; là, des bruyères, des landes; plus loin des pâturages; quelquefois enfin des plaines desséchées en été, verdoyantes en hiver; des sables arides ou des rochers couverts de lichens. Ainsi était la nature brute et sauvage dès le premiers temps du monde.

Cet état de choses que l'on rencontre encore de nos jours dans toutes les contrées inhabitées ne dura généralement qu'un temps fort court : bientôt l'homme asservit les animaux jusqu'alors sauvages pour en former des troupeaux domestiques; il mit ensuite le feu aux forêts pour avoir des pâturages; enfin de chasseur qu'il était, il devint pasteur.

Les troupeaux formèrent alors la principale richesse des premiers hommes, auxquels ils permirent d'utiliser à peu de frais les produits spontanés de la terre.

Aujourd'hui, l'élevage des bestiaux convient encore aux pays pauvres, et aux populations peu nombreuses par rapport à la superficie des terrains qu'elles occupent; il convient aussi aux pays vivant sous le régime de la force brutale et dépourvus de tout moyen d'assurer la sécurité des travailleurs.

Dans l'Amérique du Sud, il existe d'immenses étendues de pays parsemées de quelques bouquets d'arbres et couvertes d'herbes, où paissent d'innombrables troupeaux de bœufs et de cheveaux sauvages : là, il est de toute nécessité que le cultivateur mette ses richesses sous une forme telle, qu'il puisse les soustraire aisément aux tentatives des ennemis où des maraudeurs.

Quelle forme remplit mieux ces conditions que des troupeaux d'animaux à demi-sauvages, sobres, endurants et vigoureux ? S'il est difficile d'obtenir de grands produits, ils ont au moins assez de force pour parcourir en peu de temps de vastes étendues de pays, ce qui leur permet à la fois de trouver leur nourriture dans ces régions, où la pousse des herbes n'est pas toujours abondante, et d'échapper plus facilement aux poursuites des pillards qui pullulent dans ces contrées, où le cultivateur doit toujours être prêt à se défendre où à fuir.

Il est à remarquer que partout où le sol est couvert de vastes forêts vierges, la population est pauvre et peu nombreuse, et les hommes y vivent à l'état sauvage, du produit de leur chasse, sans aucune industrie agricole.

Aujourd'hui même, en Europe, toutes les fois que la valeur des produits du sol est très faible relativement à la main-d'œuvre et des capitaux, il y a un grand intérêt pour le cultivateur à élever des bestiaux : il donne ainsi, dans la production, la part la plus grande au produit le moins coûteux.

Cependant, comme il faut bien procurer du travail à une population qui ne cesse de s'accroître, on a été porté de bonne heure, pour parvenir à ce but, à convertir les pâturages en champs cultivés. Souvent aussi l'étendue de bonne terre que possède le cultivateur est insuffisante ; alors, il défriche des prairies ; et quelque minime que soit le revenu qu'il en tire, ce revenu, joint à celui qu'il obtient annuellement de ses bonnes terres, lui procure un accroissement de ressources dont il ne jouirait pas s'il n'augmentait par ce moyen la somme de ses occupations.

De la culture mixte.

—

La culture des prairies, dont nous venons de parler, n'était praticable que sur une grande étendue d'un terrain dépeuplé, et jouissant de la faculté de se couvrir facilement d'herbages. L'accroissement de la population a dû nécessairement diminuer ce genre de culture, et mettre un terme à la vie nomade dont nous parlent les Saintes Écritures à l'occasion des patriarches.

Et alors, la terre, au lieu d'appartenir à tous, ce qui permettait des migrations continuelles, devint la propriété d'un certain nombre d'hommes qui cherchèrent à tirer le meilleur parti possible du sol qu'ils s'étaient appropriés.

De là vint la culture des céréales, et par suite l'invention de la charrue, sans laquelle cette culture ne pouvait ni se perfectionner ni s'étendre.

Dans l'origine, la charrue était mal conformée; et malgré son immense supériorité sur les instruments dont on s'était servi jusqu'alors, elle ne produisait qu'un bien faible travail.

Aussi la culture des céréales ne donna, à son origine, que de minimes produits; le travail se faisait à peu près entièrement à bras d'hommes, et il fallait que, dans chaque famille, tout le monde s'occupàt forcément de la terre.

Le cultivateur n'avait pas d'autre moyen de remédier à l'épuisement du sol que de changer chaque année la place de son champ. Lorsqu'il avait enlevé à la terre tous les éléments de sa fécondité naturelle, il l'abandonnait à elle-même, et la laissait se couvrir d'herbes; puis il attendait que grâce à l'action des éléments et de la végétation qui l'enrichissait de ses débris, cette terre retrouvât sa première fécondité et se prêtât à de nouveaux ensemencements.

Ce mode est encore suivi par les Arabes du Nord de l'Afrique. La culture, chez ces peuples, est extrêmement simple; en été, ils mettent le feu aux herbes qui recouvrent le sol; ils sèment le grain, et donnent ensuite un labour très-léger.

Ils obtiennent de cette façon huit à dix hecto-litres de froment ou d'orge par hectare; puis ils laissent reposer le reste de leurs terres et s'en servent pour faire pâturer leurs troupeaux.

Dans les Maremmes, en Italie, on suit encore aujourd'hui un système de culture analogue.

Dans cette région, d'une grande étendue, on rencontre quelques fermiers nomades qui cultivent le blé et élèvent le bétail leur appartenant en propre.

En hiver, ils font paître les moutons; l'été arrivé, les moissons sont faites par des ouvriers qui descendent des montagnes. Aussitôt le travail achevé, ces ouvriers se hâtent de fuir devant la *malaria*, où fièvre pestilentielle dont ils emportent le germe, et qui les décime même après leur départ.

Alors les Maremmes deviennent un désert où l'on ne voit que quelques hommes, moitié pasteurs, moitié bandits, vêtus de peaux grossières et non tannées, armés de lances, conduisant à cheval de nombreux troupeaux de buffles et de bœufs.

En France, le système mixte de culture est encore très répandu dans l'ancienne province du Poitou, que l'on appelle la Gâtine ou Bocage (Deux-Sèvres). Dans ce pays, l'agriculture consiste presque uniquement dans les pâturages, et la culture des terres y est si restreinte qu'elle doit à peine y être comptée.

On trouverait encore en France d'autres exemples de ce même système de culture, mais elle n'est généralement appliquée qu'à des contrées pauvres et peuplées.

❦

Système arable.

—

Nous avons vu que la nature, au début, jouait le principal rôle dans la production, et que le travail de l'homme y était, pour ainsi dire, compté pour rien. Mais à mesure que la population s'accroît, et que, par suite, la valeur de la main-d'œuvre diminue, le travail de l'homme tend de plus en plus à remplacer l'action de la nature, et nous voyons bientôt sa main prendre la suprématie sur l'agriculture.

8.

A mesure que les besoins grandirent, et qu'on dut augmenter l'étendue des champs cultivés, les récoltes de céréales se rapprochèrent nécessairement, et au lieu de reparaître tous les 6, 8 ou 10 ans, elles durent revenir sur le même terrain au bout de 3 ou 4 ans.

Dans les contrées favorables aux herbages, cela n'eut point une influence fâcheuse, mais dans les pays moins propres à la culture des prairies, cet accroissement forcé des terres arables eût des conséquences différentes :

La terre n'avait plus le temps de s'enherber; elle ne fournissait plus que de maigres pâturages, dont le défrichement devint de moins en moins avantageux, car les prairies ne pouvaient nourrir les animaux aussi bien qu'auparavant, il y avait moins d'engrais, et le sol allait s'appauvrissant de plus en plus.

C'est alors qu'on songea à un nouveau système de culture, avec jachères, pour détruire les mauvaises herbes et rétablir la fécondité de la terre.

Mais il fallait aussi nourrir un nombreux bétail afin d'avoir le plus d'engrais possible pour les terres destinées aux céréales; on laissa donc en herbages permanents ou prairies, les terres dont la fraîcheur était essentiellement propre à cette production naturelle.

Le système arable, ou système de jachères, est donc celui où le sol étant appelé à produire une ou deux années consécutives, on lui accorde ensuite une année de repos, pendant laquelle la terre est soumise à des labours, dans le but de la mettre en contact avec l'air, et de la débarrasser en même temps de toute végétation, qui l'épuiserait sans utilité pour le cultivateur.

Système céréal et fourrager ou alternat.

Comme nous venons de le voir, le système arable consomme la séparation des terres proprement dites d'avec les pâturages. Toute exploitation agricole est alors partagée en plusieurs lots, les uns, à la production permanente des céréales, les autres à la production permanente des herbages. Les prairies deviennent ainsi la base essentielle de l'assolement triennal, puisque le cultivateur y trouve de quoi entretenir son bétail et se procure du fumier.

Ce système est, de tous ceux que nous avons examiné, celui qui exige au plus haut degré l'intelligence du cultivateur, les bras des ouvriers, l'argent, la force des animaux, et la puissance des machines.

Il exige encore de grands capitaux, beaucoup de main-d'œuvre, une instruction variée et profonde, la connaissances des affaires commerciales jointe à la pratique de la culture.

L'étude de ce système serait fort intéressante, mais elle n'est pas du ressort d'un ouvrage élémentaire.

Nous nous contenterons d'en donner une courte explication.

Dans le système arable, ce qui est prairie reste prairie; ce qui est terre arable reste terre arable. Dans la culture alterne, au contraire, tout se confond, de telle sorte que le terrain qui produit des plantes fouragères, porte des céréales l'année d'après ou l'une des suivantes.

Il résulte de là une continuelle alternation entre les deux espèces de produits et la possibilité de pouvoir cultiver les plantes commerciales et industrielles, comme la betterave, la garance, le tabac, l'œillette etc.

C'est cette succession non interrompue de plantes diverses sur le même sol qui a reçu le nom de *rotation*, et qui a fait donner à l'ensemble de tout le système celui d'*alternat*.

Système des Etangs.

Dans ce système encore le cultivateur épuise la fertilité naturelle de la terre par plusieurs années de culture et la lui laisse ensuite recou-

vrer par l'immersion des eaux pendant un temps
plus ou moins prolongé.

Dans un pays où la constance de l'humidité,
la nature du sol et la douceur des hivers facili-
taient la croissance des plantes propres à former
des pâturages, et permettaient aux bestiaux de
paître presque toute l'année sans interruption,
comme par exemple dans la majeure partie de
la Grande-Bretagne, les avantages du système
mixte furent promptement appréciés, et ce système y fut généralement suivi.

Mais, au contraire, dans les pays où la nature
du sol, les alternatives de sécheresse et d'humidité et la rigueur des hivers ne permettaient pas
de compter sur des pâturages abondants et continus, et où, par suite de la configuration et de
la conformation du sol, les eaux de pluie pouvaient être facilement retenues de manière à former des étangs susceptibles de donner presque
sans culture différents produits, le système mixte
a fait place au système des étangs.

Ce dernier système est en usage dans plusieurs
parties de la France, dans la Brenne (Indre),
dans le Forez (Loire), dans la Sologne (Loir-et-

Cher), et enfin dans les Dombes (Ain), sur une surface de près de deux cent mille hectares.

Il offre de grands avantages aux pays où la main-d'œuvre est chère, puisqu'il permet de tirer parti du sol avec peu de travail et sans engrais.

Cette culture se fait partout de la même manière; dans certains pays on laisse le sol constamment en eau, et alors les étangs fournissent un pâturage abondant, outre le produit en poisson, dont la vente est facile auprès des grandes villes.

Ailleurs, les étangs produisent de bonnes récoltes de grains et de paille dans la saison d'*assec* ou de culture, et ils donnent, outre le poisson, un pâturage aux animaux de la ferme dans les temps d'*évolage* ou d'eau.

Il est des contrées où les étangs sont d'une utilité publique, en ce qu'ils alimentent les canaux dont ils facilitent la navigation; dans d'autres, ils sont employés au flottage des bois pour l'approvisionnement de Paris; ce qui a lieu depuis que l'on est parvenu à faire verser leurs eaux dans de petites rivières qui deviennent ainsi flottables pour porter dans les plus grandes des bois dont, auparavant, on ne pouvait trouver le **débouché.**

La culture bien entendue des étangs peut doubler la valeur du sol; malheureusement, elle n'est pas sans entraîner de graves inconvénients.

En effet, les étangs qui sont alimentés par les eaux de pluie compromettent la salubrité et engendrent des fièvres qui déciment les populations voisines.

L'intérêt de la santé publique réclamerait plutôt le dessèchement des étangs; cette mesure intéresse également la prospérité matérielle du pays; car souvent les étangs recouvrent un sol de bonne qualité, très-profond, qui, une fois desséché, donnerait des produits abondants.

D'autant plus que, depuis la concurrence que la facilité des communications permet aux poissoins de mer de faire aux poissons d'eau douce, les bénéfices de la pêche tendent à diminuer tous les jours.

Le moment est donc favorable pour la suppression des étangs, et il faut espérer que les essais qui ont déjà été tentés dans certaines parties de la France, finiront par aboutir à d'heureux résultats.

Système maraîcher et horticole.

—

Cette culture est celle qui exige le plus d'argent et de main-d'œuvre, mais c'est aussi celle qui sait tirer le plus grand produit possible de la plus petite surface de terre, qui le fait consommer de la manière la plus avantageuse et qui peut nourrir sur une surface donnée la plus nombreuse population.

Le système horticole a pour but de produire des denrées consommables par l'homme et d'arriver à se passer de bestiaux, à condition que l'homme remplacera le bétail dans la production des engrais, et qu'il pourra seul rendre à la terre sa fécondité.

En Chine, où ce système est en vigueur sur une grande échelle, on recueille avec soin tous les excréments de l'homme, on les fait pétrir avec de l'argile et on en fait des mottes que l'on sèche à l'air; c'est alors le *taffo*, qui forme, pour toutes les grandes villes, un commerce important.

Malgré tous ses avantages, le système horticole présenterait de grands inconvénients, s'il était suivi d'une manière absolue; son application exigerait tant d'argent et de main-d'œuvre, qu'elle absorberait tous les capitaux et les bras de la nation. Quel serait alors le sort d'un tel peuple, absorbant tout pour vivre, consommant à mesure les produits du sol et ne pouvant fournir de secours à l'État, ni en hommes, ni en argent?

En Chine, où, comme nous le disions tout à l'heure, ce système prédomine, la misère est extrême parmi les classes pauvres et n'est tempérée que par les famines qui déciment la population, et par l'usage barbare de l'exposition des enfants.

Il ne faudrait pas croire que les différents systèmes de culture se soient toujours succédé dans l'ordre que nous les avons présentés; le plus souvent, ils ont existé même simultanément.

Disons, en terminant, que tout système de culture est bon lorsqu'il est appliqué avec intelligence et qu'il se trouve en rapport avec les cir-constances où l'on est placé.

La plus grande erreur dans laquelle on puisse tomber est de voir, dans tel ou tel système, la perfection absolue et de vouloir l'appliquer partout et à tout prix; ce serait là une source de nombreux mécomptes.

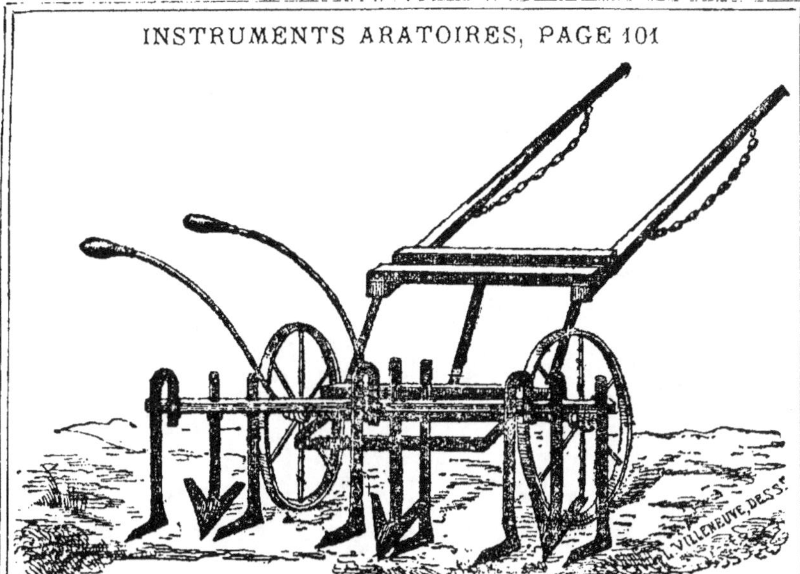

Houe à cheval Delahaye, à Liancourt (Oise).

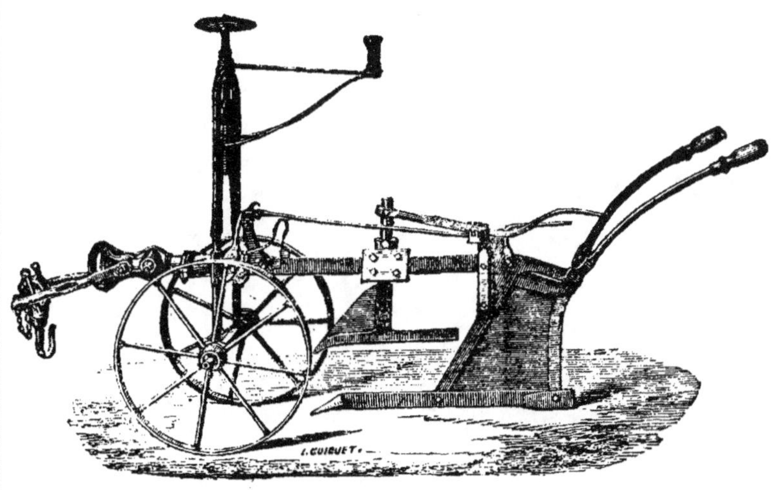

Charrue Lefebvre-Flamand.

CHAPITRE IX.

—

Instruments aratoires.

On appelle instruments aratoires ceux qui servent à labourer; on se sert de la bêche et de la pioche pour les ouvrages à bras, et de la charrue pour les labours qui se font à l'aide de chevaux.

La *bêche* est un instrument trop connu pour que nous en fassions la description ; nous dirons seulement que le cultivateur et le jardinier doivent apporter le plus grand soin dans le choix de cet instrument ; avec mauvaise bêche, mauvais labour; la forme, le poids, la longueur du manche, devront toujours être en rapport avec la taille et la force de l'ouvrier.

La *pioche*, connue sous les noms de *houe*, de *hoyau* ou de *pic*, suivant sa forme, sert à donner au sol des façons superficielles ou à opérer les défrichements. Dans les pays vignobles, on se sert d'une houe à deux longues dents plates pour piocher le sol entre les ceps; avec cet instrument, on arrache facilement les pommes de terre et les carottes.

Une *charrue* se compose des six pièces principales suivantes :

1° La *flèche*, terminée à l'une de ses extrémités par deux manches servant à maintenir la profondeur des sillons, et à faire tourner la charrue, lorsqu'arrivé à l'extrémité du champ on veut ouvrir une raie nouvelle.

2° Le *talon* qui glisse sur la terre dans le fond de la raie pendant que la charrue fonctionne et qui sert de trait-d'union entre la flèche et les autres parties de la charrue.

3° Le *soc*, fer ayant la forme d'une demi-lance, servant à ouvrir la terre et supportant tous les efforts de la charrue ; ce qui y nécessite de fréquentes réparations.

4° Le *versoir*, dont la fonction est de retourner les bandes de terre enlevées par le soc, auquel il est rivé et dont il ne doit être que la continuation. On le fait quelquefois en bois, mais pour les terrains humides il doit être en fonte ou en fer forgé.

5° Le *coutre*, aussi nommé *couteau*, qui sert à couper verticalement la bande de terre entamée par le soc et retournée par le versoir ; il est fixé à la flèche, en alignement avec la pointe du soc, et doit pouvoir trancher les racines et livrer un passage plus facile au soc.

6° Dans presque toutes les charrues on fait supporter la partie antérieure de la flèche par un *avant-train*, muni de deux roues dont on reconnaît maintenant l'inutilité et qui finira par disparaître entièrement.

Nos meilleures charrues sont celle de Dombasle, celle de Grangé et celle de Rosé, portant toutes trois le nom de leur inventeur.

Mais la charrue la plus parfaite est celle de Brabant, usitée aujourd'hui dans tout le nord de la France.

Quand le sous-sol est de mauvaise nature, et qu'on veut éviter de le ramener à la surface et de le mélanger à la terre arable, on se sert d'une espèce de charrue sans versoir nommée charrue *fouilleuse*, qui passe à la suite d'une autre et dont le soc fouille les sillons sans en déplacer la terre.

L'époque où l'on doit labourer la terre varie suivant le climat et le degré d'humidité du sol. On ne peut donc la préciser d'une manière générale. L'expérience seule indique au cultivateur le moment favorable, moment qu'il doit bien se garder de laisser échapper, car c'est en agriculture surtout que l'on doit faire chaque chose en son temps. On laboure les terres qui sont *fermées*, c'est-à-dire couvertes d'une croute plus ou moins dure, afin de les mettre au contact de l'air : ce sont alors des labours *d'aération*. Les autres labours ont pour but de purger la terre de ses mauvaises herbes et on les appelle labours de *nettoyage*.

On laboure à plat, en planches ou en billons.

Le labour à plat convient aux terres unies et peu humides ; il consiste à renverser les bandes de terre les unes contre les autres. La terre ainsi labourée présente partout une surface unie.

Souvent on divise en planches le champ qu'on a d'abord labouré d'une seule pièce. Ces planches sont généralement bombées au milieu; les rigoles qui les séparent sont ouvertes à la charrue et creusées à l'aide de la bêche. On facilite ainsi l'écoulement des eaux.

Les billons sont des planches étroites et bombées entre lesquelles on laisse, de distance en distance, des raies d'égouttement. Ce système de labour, adopté dans l'ouest de la France, tend à disparaître surtout depuis l'invention du drainage.

Outre les labours, le sol doit encore recevoir certaines façons indispensables qui nécessitent l'usage de divers instruments connus sous le nom de *buttoirs, extirpateurs, scarificateurs, rouleaux, herse, houe à cheval*, etc., dont nous allons donner un aperçu succint.

Le *buttoir* ressemble à une charrue; il est accompagné de deux versoirs et sert à butter certaines plantes, comme la pomme de terre et le maïs, ou encore à ameublir les terres fortes. Il se manœuvre comme une charrue ordinaire.

L'*extirpateur*, ainsi que son nom l'indique, sert à extirper les mauvaises herbes, ou à empêcher la terre de se fermer par l'effet de la sécheresse. Il se compose d'un châssis triangulaire porté sur trois roues ou sur une seule, et garni de traverses à chacune desquelles est adapté un certain nombre de socs tranchants destinés à entraîner avec eux les racines.

Le *scarificateur* consiste en un cadre en forme de carré long, armé de couteaux ; il sert à pulvériser le sol en le soulevant sans le retourner. Les couteaux dont il est muni se déplacent comme ceux de l'extirpateur, et peuvent servir aux deux instruments à la fois.

La *houe à cheval* est employée pour les terrains ensemencés en lignes au moyen du semoir ; il sert au sarclage et au binage des plantes, opérations importantes que l'on doit faire subir aux céréales, aux carottes, aux betteraves, aux pommes de terre, avant la floraison des mauvaises herbes.

La *herse*, véritable rateau des campagnes, est composée d'un cadre en forme de trapèze, dont les traverses sont armées de dents en bois ou en fer à l'aide desquelles on complète le travail de la charrue.

Elle est parfois remplacée par un gros fagot d'épines attaché à une pièce de bois chargée de pierres.

Les *rouleaux* servent à raffermir et à égaliser la surface des terres, soit avant soit après les semailles. Ils sont en bois, en pierre ou en fonte. Ces derniers doivent être creux; ils sont tantôt formés d'une seule pièce, tantôt de plusieurs tronçons tournant autour d'un axe commun. On ne doit s'en servir que lorsque la terre est bien ressuyée.

On peut certainement obtenir de bonnes récoltes sans tous ces instruments; mais les résultats qu'on en obtient couvrent et au-delà les dépenses qu'ils occasionnent par leur achat et leur entretien. Car la terre n'est pas ingrate, et elle produit toujours en raison des soins qui lui sont donnés par ceux qui la cultivent.

On introduit, depuis quelques années, l'usage de la machine à vapeur pour remplacer les chevaux. Les expériences faites jusqu'ici ont été satisfaisantes tant comme rapidité d'exécution que comme qualité du travail.

CHAPITRE X

Du Drainage.

Le drainage est une opération qui consiste à donner un écoulement souterrain aux eaux dont le séjour dans le sol ou à sa surface nuirait à la végétation.

On donne le nom de *drains* aux tubes destinés à livrer passage à l'eau qu'on veut faire écouler.

Il est nécessaire de renouveler l'eau qui coule

dans les terres, car cette eau donne la vie ou la mort : la vie, si elle ne fait que traverser la couche de terre pour lui communiquer des principes fécondants; la mort, au contraire, si elle empêche l'eau nouvelle et l'air d'y pénétrer.

Le drainage était pratiqué de temps immémorial, mais sous une forme plus simple; ouvrir des tranchées plus ou moins profondes, en garnir le fond, soit avec des pierres, soit avec des branches, et remplir de terre : tels étaient les procédés généralement suivis.

Cette opération a fait de grands progrès depuis quelques années : on a donné une plus grande profondeur aux tranchées, et on a substitué aux divers matériaux de remplissage les tuyaux en terre dont l'économie et l'efficacité sont incontestables.

Les terrains où le drainage est de la plus utile application sont les terres froides et fortes, où les engrais ne peuvent agir faute de fermentation.

Si le terrain est en prairie, les joncs, les roseaux, les mousses, etc., l'envahissent, et l'on n'obtient qu'un mauvais fourrage. Dans les terrains cultivés, cette humidité permanente pourrit les racines.

A défaut d'issue inférieure, l'eau qui imbibe la terre ne peut se dégager qu'à la surface, par l'effet de l'évaporation : de là pour la végétation une perte considérable de chaleur, ce qui retarde la croissance et la maturité des plantes, quand toutefois celles-ci n'ont pas été détruites par les gelées et les dégels successifs du printemps.

Les terres fortes ou argileuses ne laissent pas assez facilement pénétrer l'eau de la surface et la retiennent trop fortement lorsqu'elles en sont imprégnées. Sous l'action des vents et du soleil, elles se durcissent; dans les temps de pluie, l'eau coule à la surface entraînant les engrais et ravinant le sol.

Les avantages du drainage sont nombreux; on pourrait les résumer en disant que la première année de récolte suffit souvent pour indemniser des frais occasionnés par le drainage d'une terre.

Le drainage rend les récoltes plus hâtives et plus belles en permettant à la chaleur du soleil ou de l'air d'élever la température du sol et de développer la végétation. Il diminue ou neutralise les effets si fâcheux des sécheresses sur les terrains détrempés pendant l'hiver, Il rend le sol plus humide dans la saison trop sèche, et

plus sec dans la saison trop humide. Il permet
de réduire les attelages et amène une notable
diminution dans les frais de la culture, extrêmement difficile sur un terrain durci ou pâteux en
rendant les labours possibles et utiles dans des
circonstances atmosphériques, ou, à son défaut,
ces labours ne pourraient avoir lieu.

En enlevant l'excès d'humidité avant les gelées,
il empêche celles-ci de nuire aux semences et
aux racines.

Le drainage permet encore de substituer les
labours à plat ou en très-larges planches à ces
billons hauts et étroits en usage dans les terres
fortes et peu favorables à la végétation. Il donne
toute leur efficacité aux amendements dans des
terrains trop humides.

C'est par le drainage ou un travail analogue
qu'on peut assurer le succès de certains dessé-
chements de marais, en neutralisant les effets
fâcheux des fausses sources qui font échouer ces
grands travaux.

Disposition des drains.

—

Il y a deux sortes de drains : les drains collecteurs ou maîtres-drains, qui portent les eaux dans un ruisseau, et les drains secondaires qui versent leurs eaux dans les premiers.

Le drainage *régulier* ou *uniforme* consiste à placer les maîtres-drains dans les parties basses du terrain, et les drains secondaires par séries de lignes parallèles suivant la plus grande pente du terrain. Par cette disposition, on est assuré de recouper les couches agnifères, et de procurer un écoulement à l'eau qu'elles renferment.

Dans le drainage irrégulier on a surtout en vue de prendre l'eau aux points où elle s'élève du sous-sol pour paraître à la surface.

On peut souvent reconnaître au premier coup-d'œil le siége des sources, mais autant que possible, il vaut mieux étudier la constitution du terrain et s'en rendre compte par le sondage.

On établit un canal central ou plusieurs canaux principaux, selon les dimensions du terrain et ses variations de pente, en évitant les angles ou coudes trop brusques. En général, les canaux principaux doivent entamer la surface du sol imperméable.

Les rigoles secondaires se tracent comme les canaux principaux; leurs jonctions avec ceux-ci se font obliquement, de manière que la vitesse des petits courants ne soit pas ralentie par leur réunion.

Le drainage régulier est le plus généralement employé comme beaucoup plus simple pour le tracé des drains et convenant mieux pour les terres fortes où l'essentiel est de donner au sol un degré uniforme et convenable de perméabilité.

Le drainage régulier est également très-avantageux lorsqu'il s'agit de faire écouler des eaux retenues dans un terrain froid, par un sous-sol imperméable. Toutefois, dans ce dernier cas, le drainage irrégulier bien exécuté coûterait moins cher et pourrait avoir plus d'effet.

Quelle que soit la méthode appliquée, on doit se garder, autant qu'il est possible, de faire passer les lignes de drains, surtout les drains collecteurs, à moins de dix mètres des arbres dont les racines s'étendent au loin.

Dans le drainage irrégulier, on doit donner aux drains une assez grande profondeur pour que les tuyaux reposent dans la partie supérieure de la couche imperméable sur laquelle les eaux souterraines et les eaux pluviales sont retenues.

L'ingénieur anglais, M. Smith, à qui l'on doit la première opération du drainage, regarde une profondeur de 0,65 à 0,80 comme la meilleure pour la plupart des terrains, et une distance de de 6 à 8 mètres comme le plus convenable entre chaque ligne.

Des personnes compétentes et expérimentées pensent qu'une profondeur de 1 mètre 20 centim. à 3 mètres 60 centim. est plus efficace en permettant de laisser plus d'écoulement entre les tranchées.

Les principaux instruments dont on se sert pour le drainage sont, outre les bêches ou pelles ordinaires, des bêches au fer plus étroit et allant en diminuant, depuis la douille jusqu'au plus tranchant ; des pioches biscornues ou piémontaises, pour entamer les terrains pierreux, des curettes ou écopes, servant à creuser les fonts concaves des drains ou à retirer des déblais ; une batte en fonte ou en bois dur pour dresser et parer la rigole, suivant le cours des tuyaux ; enfin des crochets et des pinces pour descendre les tuyaux et leur donner la position convenable

Généralement, les tuyaux sont placés bout à bout ; quelquefois leurs extrémités s'engagent dans des colliers en terre d'un diamètre convenable, de 7 à 8 centimètres de longueur.

Les colliers sont employés dans tous les drainages bien faits.

Les tuyaux mis en place, on pose sur chaque joint une pelote d'argile, ou mieux une pierre polie, et on la recouvre d'une couche de 15 centimètres environ de terre argileuse que l'on détache de la partie inférieure des parois de la rigole, celle qui serait jetée d'en haut pouvant déranger les tubes. Le remplissage de la tranchée s'achève sans difficulté avec la terre qui en provient.

Il est important que l'eau ne pénètre dans les

joints que sur les côtés ou par en bas, afin d'é-
viter l'obstruction des tuyaux.

CHAPITRE XI.

—◆—

Des Irrigations.

On nomme *irrigation* un arrosement en grand à l'aide duquel on supplée artificiellement à la nature.

En Lombardie, en Lorraine et dans les Vosges, on a fait d'immenses progrès sous le rapport des irrigations : elles sont très-communes dans la France méridionale où elles étaient d'une vraie nécessité. Non-seulement l'eau, en parcourant une prairie, donne la vie aux plantes en humectant leurs racines, mais encore elle dépose des limons, des stimulants, des matières organiques. Aussi, sur les sols pauvres, il est difficicile d'obtenir de l'irrigation tous les bienfaits désirables, car l'eau n'y charrie pas d'engrais.

Le cultivateur ne doit jamais perdre de vue ces deux principes :

L'eau doit courir partout et ne séjourner nulle part ;

Il n'est pire eau que l'eau qui dort.

On doit donc étudier les effets de l'eau, que son séjour soit prolongé ou instantané : une petite quantité d'eau avec le soleil suffit pour obtenir de bons résultats. Son séjour trop prolongé, au contraire, tendra à métamorphoser la bonne nature des plantes, et les joncs ne tarderont pas à paraître.

Les meilleures eaux sont celles qui charrient beaucoup de limon, qui s'échauffent vite au printemps et conservent leur chaleur en automne ; les eaux froides, comme celles qui traversent les terrains argileux, sont défavorables.

On a constaté dans le Midi que, pour chaque arrosage, mille mètres cubes d'eau étaient nécessaires pour un hectare. Si la terre est argileuse, les arrosages doivent être rares et lents ; plus le terrain est siliceux, plus l'irrigation doit être fréquente.

L'eau ne doit pas toujours être dirigée vers les mêmes endroits, car elle empêcherait la chaleur d'avoir son influence sur le sol, et les herbes seraient longues et de mauvaise qualité. C'est en automne que l'on irrigue de préférence, car alors les eaux sont fertilisantes, et, comme à cette époque, on fume aussi les terres, il est donc important d'exécuter aussi le curage des rigoles.

Ordinairement on arrose un endroit pendant cinq à six jours, puis on reporte l'eau en d'autres points ; en hiver, on ne doit pas se servir des eaux de pluie et d'orage chargées de matières terreuses qui pourraient nuire à la végétation.

On connaît quatre genres d'irrigation :

1° Par submersion ; 2° Par reprise d'eau ; 3° Par infiltration ; 4° L'irrigation vosgéenne ou sur *ados*.

Irrigation par submersion. — On emploie ce mode lorsque les eaux sont vaseuses et sur des terrains plats. La partie irriguée est entourée de 3 fossés pour retenir l'eau sur place.

Près de grands fleuves il arrive souvent que les prairies sont inondées naturellement.

Il faut dans l'un et l'autre cas, créer des canaux d'assainissement de manière à pouvoir au printemps retirer l'humidité surabondante.

Les eaux ne doivent séjourner que 6 à 8 jours sur le sol.

Irrigations par reprise d'eau. — Elles sont quelquefois faciles à employer; elles consistent à faire courir l'eau sur plusieurs parties bien nivelées, situées les unes au-dessous des autres. Les eaux, pendant l'hiver et pendant les orages, doivent être retenues dans un petit réservoir.

La principale rigole, creusée dans la partie supérieure du terrain doit être un peu oblique à la pente. Les petites rigoles d'alimentation seront espacées de 30, 40, 60, 80, 100 mètres, selon la quantité d'eau dont on peut disposer.

Tous ces canaux seront parallèles et oblique à la pente, plus larges à leur commencement qu'à leur fin.

Lorsque les rigoles sont longues et que l'eau manque, on les divise en deux parties et l'on irrigue séparément.

Irrigations par infiltration. — Ces irrigations sont généralement suivies dans les pays méridionaux ; elles consistent à faire arriver l'eau dans les rigoles sans déborder et à la faire pénétrer par infiltration dans les terres dont la pente doit être environ de 2 millimètres par mètres .

L'irrigation *Vosgéenne* ou par ados demande une disposition spéciale du sol en planches convexes à la partie médiane desquelles on creuse une rigole. Une fois ce canal rempli, l'eau se déverse sur les deux côtés de la planche et va se perdre à droite et à gauche dans deux autres rigoles pour servir plus loin à l'irrigation d'autres planches.

Ce mode exige de nombreuses cultures ; on l'emploi dans les Vosges où il triple et même quadruple la valeur des terrains.

Nota. — Il faut s'abstenir de faire parquer le

bétail dans les prairies irriguées, car le piétine-
ment détruit le nivellement.

FIN DE LA 1re PARTIE.

DEUXIÈME PARTIE.

CHAPITRE Ier.

Semailles.

Lorsque le sol a été labouré, et convenablement préparé, il faut l'ensemencer, c'est-à-dire y répandre la graine et l'enterrer.

Les semailles se font, soit au printemps soit à l'automne; on ne peut déterminer un temps fixe pour ces travaux importants. Le cultivateur devra étudier la nature de son terrain et se conformer à la marche des saisons, variable d'une année à l'autre.

Il faudra d'abord bien choisir la semence; la prendre nouvelle et parfaitement mûre.

Le blé sera criblé, c'est-à-dire débarrassé des petites graines auxquelles il se trouve mélangé; autant que possible, on le changera de terrain afin de ne pas semer dans la même terre le grain qu'elle a produit. En substituant aux variétés ordinaires des variétés meilleures, la récolte est augmentée de vingt pour cent.

Le chaulage est une opération indispensable, ayant pour but de détruire la carie et le charbon dont les germes adhérent à la surface des grains employés comme semence.

On délaye dix kilogrammes de chaux éteinte avec un kilogramme de sulfate de soude, dans une quantité d'eau suffisante pour former un lait peu épais dans lequel on plonge à plusieurs reprises le blé renfermé dans un panier; on le laisse ensuite égoutter puis on le répand à terre et on le remue plusieurs fois avec la pelle : dès qu'il est ressuyé on sème sans retard.

On peut encore employer de la même manière une solution composée d'un kilogramme de sulfate de cuivre (vitriol) dans cinq litres d'eau ; mais cette substance étant un poison violent peut occasionner des accidents et devenir funeste au semeur. C'est pourquoi on doit préférer le chaulage au sulfatage.

On sème à la main, à la volée ou en lignes, ou à l'aide du semoir en lignes.

pour semer à la volée, le semeur doit choisir un temps calme, le soir ou le matin ; son pas doit être mesuré, ses poignées bien égales et répandues à des intervalles uniformes.

Quand on emploie le semoir, l'instrument fait seul la besogne ; l'ouvrier doit veiller seulement à ce que la boîte contenant la semence ne soit jamais vide.

150 litres de blé semés en lignes, produisent autant que 200 litres semés à la volée ; on économise donc ainsi 25 %, sur la semence.

On ne doit semer ni trop dru ni trop clair. La quantité de semence varie suivant les circonstances, et on ne peut établir de règles précises. Il faut généralement deux hectolitres de grain pour un hectare à la volée; au semoir, il n'en faut pas plus d'un hectolitre. Sur la même surface, on répand environ 4 hectolitres d'avoine féverolles ou haricots; 4 hectolitres de chanvre; 1 hectolitre et demi de sarrazin, 200 kilog. de lin; 3 kilog. de carottes; autant pour les betteraves en lignes, mais 6 kilog. à la volée; 3 de colza à la volée, 1 kilog. 50 en lignes.

On enterre les semences à une profondeur plus ou moins grande soit avec la herse, soit avec la charrue, soit avec l'extirpateur; le blé, l'avoine, le maïs doivent-être recouverts d'une couche de 5 centimètres au moins; on leur donne deux hersages. Certaines semences n'ont pas besoin d'être enfouies; répandues à la surface du sol elles germent au bout de quelques jours; telles sont les graines de sainfoin, de trèfle, etc.

Transplantations.

—

Certaines plantes telles que le colza, le chou, le tabac, la betterave, se sèment en pépinière et se tranplantent soit au plantoir, soit à la charrue.

On ne doit point semer trop serré afin que le plant puisse se développer.

La *betterave* se sème soit en place, soit en pépinière. Pour semer en place, on trace en avril ou en mai, sur un sol préparé des sillons peu profonds éloignés les uns des autres de quarante centimètres environ, dans lesquels on place des graines à une distance de trente ou quarante centimètres.

Si on a semé en lignes, avec ou sans le semoir, on donne le premier binage quant les betteraves ont deux feuilles, un mois après environ, se fait le pacage c'est-à-dire que l'on coupe toutes les betteraves inutiles, n'en laissant que trois sur la longueur de un mètre, et plus tard, quand la betterave est formée, on rend un nouveau binage.

La plante semée en pépinière, se repique à la même distance dans le courant du mois de mai.

Le *tabac* dont la culture n'est permise en France que dans les départements du Nord, du Haut-Rhin, du Bas-Rhin et du Lot, demande beaucoup de soins ; sa graine excessivement fine; il en tient environ 1100 dans un centimère cube On la sème sur une couche vers la fin de février, ou à l'air libre vers le milieu d'avril pour transplanter au plus tôt vers le 15 mai, et au plus tard vers le 15 juin; on choisit un temps pluvieux.

CHAPITRE II.

Récolte et conservation des divers produits.

Moisson.

La moisson est la récolte des céréales;
l'époque où elle a lieu varie suivant l'état

de la température. Dans le Midi, on la fait en juin ou en juillet ; dans le Nord, en août ou en septembre.

Le cultivateur doit apporter tous ses soins à cette importante opération, s'y préparer à l'avance afin que rien ne vienne ni l'interrompre, ni la retarder.

La moisson se fait à la faucille, à la faux, à la sape ou à la mécanique.

Le moissonnage à la faucille, seul employé par nos ancêtres, est encore en vigueur dans une grande partie de la France. Ce genre de moisson nécessite un grand nombre d'ouvriers ; il est fort incommode et fatiguant et on y perd de la paille.

La moisson à la faux est beaucoup plus expéditive ; mais si les blés sont versés, la faux ne peut que difficilement les couper ; de plus lorsqu'ils sont trop mûrs ils s'égrennent beaucoup.

Le moissonnage à la sape du piqueteur belge doit être préféré comme plus prompt et plus facile. Pour faucher ainsi, l'ouvrier tient de la main gauche un long crochet de fer muni d'un manche plat en bois, retenu par une courroie autour du poignet. Le piquet lui sert à isoler le blé qu'il abat par la base avec une petite faux à manche court qu'il tient à la main droite. Les javelles sont ainsi toutes préparées, et il n'y a pas besoin de cueilleuse.

La moissonneuse abrége beaucoup la besogne. Elle abat environ 6 hectares par journée de dix heures et permet de faire la moisson en temps utile, avantage précieux surtout dans les pays où les bras manquent. Son emploi est d'autant plus préférable. qui, outre la promptitude, il apporte une véritable économie.

Le blé mis en gerbes au bout d'une journée reste à terre, puis on en forme des moyettes afin de le préserver de la pluie et de l'humidité. Si le temps est sec, on le met en tas pour être rentré dans la grange aussitôt, ou on le bat ensuite.

L'avoine peut rester quinze jours sur la terre sans inconvénient ; l'humidité fait gonfler les graines qui ne s'épient pas aussi facilement pendant le chargement.

—⟨✕⟩—

Battage.

—

On bat les céréales soit à l'aide du fléau, soit au moyen d'un gros rouleau soit en faisant piétiner les gerbes par les chevaux.

Le blé, ainsi battu doit être vanné, c'est-à-dire séparé des menues pailles et de poussière, à l'aide d'instrument appelé *van*, puis criblé, c'est-à-dire débarrassé des graines étrangères, à l'aide d'une espèce de tamis de 1 mètre de diamètre appelé crible.

Dans le Nord de la France, on commence à faire usage de la *Batteuse.* Cette machine est mue par la vapeur ou par les chevaux et se compose d'une espèce de lanterne enveloppée de barres de fer ou de bois dur, laquelle en tournant horizontalement broie les épis contre la machine et laisse tomber sur le crible le grain qui descend ainsi tout nettoyé dans le sacs préparés pour le recevoir.

D'après un grand nombre d'expériences comparatives faites avec soin, le battage au fléau le mieux soigné laisse le vingtième du blé. La machine à battre gagne cette quantité. Sur cent hectolitres c'est donc cinq hectolitres qui à raison de vingt francs, donnent cent francs de bénéfices.

Fenaison.

—

La récolte des foins n'est guère moins importante que celle des céréales ; le cultivateur devra donc y apporter une attention particulière. L'herbe sera fauchée à une époque convenable; ni trop mûre ni trop verte, par un ouvrier habile ayant un bon coup de faux.

Le faneur étend l'herbe coupée à l'aide d'un râteau pour la faire sécher au soleil; il la met en *andains* vers le soir. Quand le foin est suffisamment sec, on le met en meules ou on le rentre dans la grange.

Il est bon de savoir que le foin dans les quinze jours qui suivent la fenaison, subit par la fermentation, même rentré très-sec, une diminution d'environ cinq pour cent; il en perd encore autant pendant son séjour dans les greniers.

On commence à se servir de la machine à moissonner, un peu modifiée, pour couper les foins, les succès jusqu'ici ont donné les meilleurs résultats; on se sert aussi du râteau à cheval, mais cet instrument aurait besoin de perfectionnement.

CHAPITRE III.

INDICATION DE LA QUANTITÉ DE TRAVAIL
POUVANT ÊTRE FAITE EN UN JOUR DE
DIX HEURES.

Fumier.

Dans une journée de dix heures, un homme
peut charger environ 10 mètres cubes de fumier;

12.

il en déchargerait au champ 30 ou 40 mètres cubes. Un attelage de 4 chevaux peut en transporter 15 mètres cubes, à une distance de cinq ou six cents mètres.

Le mètre cube de fumier ordinaire peut peser 730 kilogrammes.

***

Labours.

3 forts chevaux ou 4 moyens labourent 30 ou 40 ares dans un sol compacte, et 48 à 50 dans un sol moyen. Pour un défrichement, huit chevaux ne peuvent guère labourer que 25 ares de landes.

***

Hersage.

—

4 chevaux attelés à la herse à losange de Valcourt, hersent environ un hectare et demi dans un sol de consistance moyenne; avec les herses accouplées ou brisées, 2 chevaux suffisent pour deux et même pour trois hectares.

Roulage.

—

Deux chevaux attelés à un rouleau en bois peuvent rouler trois hectares par jour.

Houage.

—

Une houe attelée d'un cheval sarcle ou bine un hectare et demi, si les lignes sont espacées de 0 mètre 75 centimètres, comme pour les pommes de terre, et un hectare si elles le sont de 0 mètre 25 centimètres seulement comme pour les betteraves.

Semailles.

—

On peut ensemencer deux hectares et demi environ en froment, seigle, orge, sarrazin, avoine, pois, fèves, et trois hectares de navette, colza, millet, trèfle.

Repiquage.

—

Un homme peut repiquer 6 à 7 ares de choux, betteraves, etc.

Après la charrue une femme peut planter 25 ares en pommes de terre, et un enfant 12 à 15.

Moissonnage.

—

Un homme peut fauciller 18 ares par jour; à l'aide de la faux le travail marche plus vite, mais l'ouvrier ne peut travailler plus de six ou sept heures sans se fatiguer.

Un bon piqueteur coupe 40 ares de froment.

Une machine moissonne 60 ares par heure, soit environ 6 hectares par jour.

Une femme peut mettre en javelles environ un hectare et demi.

Un homme lie et dispose en meulons les gerbes de 50 ares; il peut charger 700 gerbes de 10 kilogrammes, décharger et engranger 35 à 400 de ces mêmes gerbes.

Battage.

Au fléau un homme peut battre 80 gerbes de blé, 100 gerbes de seigle, 160 gerbes d'avoine.

A la machine on peut aisément battre 12 douzaines de gerbes à l'heure.

Récolte de racines.

—

Un homme ou une femme arrache en moyenne le produit de 4 ares de pommes de terre, carottes ou betteraves.

Fourrages.

—

Un homme fauche 50 ou 60 ares par jour.

Une femme répand, retourne, met en andains le foin de 40 ares environ ; elle met en meulons le produit de 50 ares.

Conservation des produits.

—

La conservation des produits de l'agriculture demande des soins intelligents et assidus. On ne doit rien laisser perdre, et comme il n'est pas possible de vendre aussitôt les récoltes faites, il faut les garantir de l'humidité, des insectes, des rats et des souris.

Les grains doivent être battus après la moisson et placés dans les greniers où on les remue très-souvent à la pelle pour prévenir la fermentation, assurer la dessication complète, détruire le charançon, la teigne ou l'alucite.

On pourrait détruire le charançon, ce redoutable ennemi des céréales, en étendant sur les tas de blé des peaux de moutons fraîchement tués, la laine étant mise en dessous. La laine attire les insectes; on les enlève ainsi facilement pour les donner en pâture aux volailles.

Cette opération doit être renouvelée plusieurs fois.

Un autre moyen bien simple pour débarraser le blé des charançons est de faire disparaître le grain du grenier et de le remplacer par une trentaine de pommes coupées par le milieu. Dès le lendemain le dessous des fruits sera couvert de ces insectes. On remplace les pommes par de nouvelles et ainsi de suite jusqu'à ce qu'il n'en vienne plus.

La filasse du lin et du chanvre demande aussi à être préservée de l'humidité ; on doit prendre surtout de grandes précautions contre l'incendie : règle générale, personne ne doit monter la nuit dans un grenier renfermant des matières inflammables avec une lumière autre qu'une lanterne.

Les pommes de terre, les carottes et les betteraves se conservent dans des caves, des celliers ou des silos creusés dans la terre ; ces racines sont ainsi garanties de la gelée.

Pour conserver les choux, on les arrache dans le courant de novembre, puis on ouvre une rigole dans laquelle les têtes sont enterrées, les racines restant au dehors. Une seconde rigole est ouverte, avec la terre on recouvre la première, et l'on continue ainsi.

Les choux se conservent de cette façon jusqu'au mois de mai. Pour faciliter l'arrachage pendant les grandes gelées, on peut en couvrir une partie avec de la paille ou du fumier.

CHAPITRE IV.

INFLUENCE DE L'AIR, DE LA CHALEUR, DE LA LUMIÈRE ET DE L'ATMOSPHÈRE SUR LES VÉGÉTAUX CULTIVÉS.

Abris, Exposition.

L'air, la chaleur, la lumière et l'atmosphère exercent une grande influence sur la vie des végétaux.

L'air est indispensable à la nourriture des plantes qui l'attirent et s'en emparent au moyen de leurs feuilles; il contient des gaz et des vapeurs très-utiles au règne végétal. On peut juger de l'effet du gaz ammoniac par les herbes qui croissent sur l'emplacement des vieux fumiers, et par la vigueur des arbres avoisinants les basses-cours.

La chaleur augmente le volume des corps ; elle réduit en vapeur la plupart des liquides afin d'en assimiler les éléments aux besoins de la plante.

Les corps noirs ou de couleur foncée s'échauffent plus facilement que les corps blancs ou pâles. Les terres blanches retiennent moins de chaleur que les terres noires ou brunes ; aussi dans les premières les récoltes sont plus lentes à parcourir les différentes phases de la végétation.

Cette affinité des corps noirs ou bruns pour la chaleur est utilisée par les jardiniers. Veulent-ils faire fondre la neige ou hâter la maturité de quelques plantes? ils répandent sur le sol des matières de couleur foncée, de la cendre, de la suie, etc.

La lumière a aussi une grande influence sur la vie des végétaux ; elle les colore en nuances de vert variant à l'infini; sans la lumière, les fleurs n'étaleraient pas à nos yeux ces couleurs si riches et si belles; sans elle, les feuilles des arbres seraient d'un blanc jannâtre comme les feuilles de betteraves et les tiges des pommes de terre germant dans les silos ou dans les caves.

Pour faire blanchir les salades les jardiniers les lient afin d'intercepter la lumière. Le blé, lorsqu'il est semé trop épais manque d'air et de lumière, et il ne donne que des tiges languissantes, étiolées.

Lorsque le cultivateur émonde ses arbres et ses haies ce n'est pas seulement dans le but de se procurer du bois, mais parce qu'il a reconnu à ses dépens que l'ombrage projeté sur son champ par les branches lui fait un tort considérable.

Donc si l'on veut empêcher les plantes de germer et de se couvrir de verdure, il faudra les soustraire soigneusement à l'action de la lumière et de l'humidité, c'est pour cela que l'on établit des silos de betteraves, de navets, de carottes, de pommes de terre, etc.

Diverses causes peuvent encore influer en bien comme en mal sur la végétation, telles sont les pluies, la sécheresse, les brouillards, les gelées, les vents, l'exposition et les arbres.

Il pleut plus fréquemment dans le voisinage des eaux, sur les montagnes, dans les localités couvertes de grands arbres, que dans les contrées arides, les plaines et les lieux découverts.

La pluie, au printemps et à l'automne, est généralement favorable aux travaux et aux produits de l'agriculture, elle aide à la germination des plantes et à la maturité des végétaux ; en général toute semence ou plant confié au sol a besoin d'être plus ou moins arrosé lors de sa mise en terre. Dès qu'un végétal est transplanté, il est toujours bon d'en arroser le pied pour qu'il ne se flétrisse pas.

Pronostics.

Nous croyons utile de donner ici certains signes à l'aide desquels on peut présumer de la pluie au moins avec autant de certitude qu'en observant les indications du baromètre.

En été, lorsque le temps est lourd, qu'il fait très chaud ; en hiver, lorsque par le froid le temps se radoucit subitement, c'est un signe de pluie dans le premier cas, et de neige dans le second.

Lorsque le soleil se lève pâle et comme baigné d'eau, quand la lune est pâle ou qu'elle est entourée d'un cercle par un vent du midi, on peut s'attendre à une pluie prochaine.

Lorsque le vent est du sud, et que la lune n'est visible que le 4ᵉ jour après la nouvelle lune, on est menacé de pluie pour le reste du mois.

Quand les nuages s'amoncellent et ressemblent à des rochers ou à des montagnes qui s'entassent au Midi et changent souvent de direction ; quand ils sont nombreux le soir au Nord-Est, ou quand ils sont noirs et viennent de l'Est, c'est de la pluie pour la nuit ; ils annoncent encore de la pluie pour le lendemain, quand ils viennent de l'Ouest ; et pour deux ou trois jours après, quand il ressemblent à de gros flocons de neige.

On peut encore augurer de la pluie quand les oies et les canards se jettent à l'eau et y font de grands mouvements et de grands cris; lorsque les hirondelles rasent la surface de la terre et des eaux; quand les poules se roulent dans la poussière et secouent leurs ailes; quand le coq chante le soir et le matin en battant des ailes; quand les grenouilles coassent dans les étangs; quand le chat fait sa toilette et se passe la patte derrière l'oreille.

Au contraire on peut espérer que le temps sera beau: quand le ciel a été clair pendant la nuit, que le soleil se léve brillant et quand il se couche au milieu de nuages dorés ou rouges; de là ce dicton:

Rouge soirée et grise matinée sont signes certains d'une belle journée.

Si les taches de la lune sont bien visibles et si ses cornes sont bien pointues le 4e jour après la nouvelle lune c'est signe de beau temps jusqu'à la pleine lune.

Sécheresse.

—

La sécheresse, lorsqu'elle dure longtemps, n'est pas moins nuisible à la végétation que l'humidité; elles entrave les labours et les semailles; les végétaux ne trouvent plus dans l'air leur nourriture habituelle, et ils perdent par l'évaporation les sucs les plus nécessaires. La plante se flétrit alors et se dessèche sur pied.

Brouillards et gelées.

—

Les brouillards sont nuisibles lorsque pendant la fécondation et la maturité des plantes, le soleil vient subitement les réduire en vapeur; mais ils sont très-favorables à la végétation des prairies.

Pendant la nuit, lorsque le temps est serein et découvert, la chaleur de la terre n'étant pas retenue par les nuages se perd dans les régions supérieures. Alors les plantes se refroidissent considérablement et la vapeur d'eau vient se condenser contre elles, absolument comme cela a lieu sur les vitres d'une chambre contenant beaucoup de personnes.

Cette vapeur, glacée sur les feuilles par la température très-basse de la nuit, porte le nom de gelée.

Si les gouttelettes demeurent liquides, c'est la rosée, bienfaisante surtout en temps de sécheresse.

On prévient les inconvénients de la gelée au moyen de couvertures telles que paillasson, paille étendue, papiers, feuillage, etc

Vents.

Si tout effort humain vient échouer devant les effets terribles des tempêtes et des ouragans, l'impétuosité des vents n'est pas toujours si grande qu'on ne puisse la contenir ou la modérer ; il suffit pour cela d'établir des brisants au moyen de plantations d'arbres résistants, comme le pin, le bouleau, etc.

Quand on veut défricher de grandes étendues de lande, on commence par renfermer le terrain dans un bonne ceinture d'abris. Des murailles, des massifs de plantations, de simples palissades même, deviennent des abris dans la petite culture ; les haies sèches ou vives, les paillassons, suffisent pour les jardins.

Les vents desséchants portent le nom de hâle. Ceux du printemps sont le plus nuisibles ; ils dessèchent, durcissent les terres argileuses, serrent le collet de la plante et arrêtent la végétation. On remédie à ce dernier inconvénient par le bon hersage.

Dans les jardins et surtout dans les pépinières, pour éviter le dessèchement du sol et aussi pour empêcher la croissance des mauvaises herbes, on y met, dès l'automne, une forte couche de feuillages ou de paille de sarrasin. Les vents ne peuvent plus alors avoir d'action sur la terre qui meuble et conserve sa fraîcheur.

On doit s'attendre à un grand vent quand la lune paraît fort grosse, d'une couleur rougeâtre et environnée quelquefois d'un cercle clair. Si le cercle est double ou paraît brisé, c'est signe de tempête, c'est encore un présage de grand vent, quand les nuages fuient légèrement; qu'ils se montrent subitement au Sud et à l'Ouest et qu'ils sont rouges ainsi que le ciel, notamment le matin.

Une giboulée après un grand vent est un indice certain qu'une tempête approche de sa fin. C'est ce qui a donné lieu à ce dicton : *petite pluie abat grand vent.*

CHAPITRE V.

Exposition.

—

La position d'un champ, d'un jardin, d'un pays par rapport à l'horizon, exerce une grande influence sur les végétaux cultivés. L'exposition au Midi sous tous les climats, est la plus favorable ; celle de l'Est vient ensuite. On peut remarquer que les plantes exposées au Nord ont un bien plus chétif aspect que celles qui sont exposées au Midi; cela tient aux vents desséchants qui jouent ici le plus grand rôle.

Pour la demeure de l'homme, l'exposition

Nord et Sud-Est est la plus saine; celles de Nord-Ouest ou de l'Ouest sont les plus défavorables.

L'exposition de l'Est et du Sud convient aux oiseaux et aux insectes; elle est nuisible aux bestiaux auxquels le Nord convient seul, excepté dans les climats froids où l'exposition de l'Est et du Sud est préférable.

Défrichements

Défricher c'est rendre à la culture des terrains improductifs.

Parmi les causes qui ont donné une rapide impulsion au défrichement des landes, on doit compter la découverte du noir animal, résidu des raffineries de sucre. L'action prodigieuse de cet amendement a permis de remplacer l'écobuage par le défrichement à la charrue.

Les avantages de ces deux modes de défrichement se balancent souvent, soit que l'on envisage ces travaux dans leurs effets sur le sol ou sous le point de vue économique, car les circonstances où chacun se trouve placé exercent une influence dans le choix de l'une ou de l'autre méthode.

C'est une opinion assez généralement répandue que l'écobuage épuise le sol. Certains cultivateurs, cependant, estiment cette pratique au-dessus des autres par ses effets sur la terre.

Si l'on veut chercher à comparer la dépense première des deux méthodes, il semblerait que l'écobuage l'emporterait sur le défrichement à la charrue.

En effet, on trouve dans les pays de landes des écobueurs de profession, qui prennent 95 francs par hectare pour l'arrachage des herbes et le brûlis.

Après cette première opération faite dans l'année même, il suffit d'un seul labour pour pouvoir ensemencer dès l'automne ; ajoutons à cela l'étendage des cendres, et les dépenses pourront être évaluées comme il suit, en ne tenant compte que des sommes qui peuvent servir de comparai-

son et négligeant toutes celles qui sont égales
dans les deux opérations :

Ecobuage et brûlis.	95 fr.
Un labour.	12
Main-d'œuvre pour répandre les cendres et casser les mottes,	15
Total :	122 fr.

La dépense première d'un défrichement à la
charrue monterait plus haut, car il faut plusieurs
labours et des engrais. On pourrait calculer
ainsi :

Préparations préliminaires	7 fr.
Deux labours de défrichement	50
Un hersage énergique	6
Un labour simple	12
Huit hectolitres, noir animal	80
Total :	155 fr.

Ces chiffres pourraient engager à donner la
préférence à l'écobuage; cependant un grand
avantage doit rester après un certain temps au
cultivateur qui aura défriché avec la charrue;
après une récolte de froment, il obtiendra encore
une assez belle récolte d'avoine sans addition

d'engrais, tandis que par l'écobuage il se trouverait à bout avec deux récoltes et il devrait donner une fumure pour obtenir de nouveaux produits. Enfin les saisons peuvent contrarier l'écobuage, et rien n'arrête le défrichement à la charrue.

Après le défrichement des bois, on ne peut semer que de l'avoine ou du seigle. Le froment ne réussit qu'au bout de deux récoltes et lorsque le terrain a été fumé et chaulé.

Des clôtures.

Les clôtures servent à garantir les récoltes et les prairies des dégâts que pourraient y causer les bestiaux et les maraudeurs. En formant des abris aux plantes elles accélèrent la maturité des récoltes. De plus, elles permettent d'abandonner à eux-mêmes les bestiaux que l'on élève ou engraisse dans les pâtures.

On peut se clore de plusieurs manières : par des murs de pierres ou de briques, par des fossés, des palissades, des haies, etc.

La meilleure clôture, la plus sûre, est un mur solide en maçonnerie d'environ trois mètres de hauteur. La construction est dispendieuse, mais on l'utilise par la culture des espaliers.

Pour les haies, on emploie l'épine blanche, la charmille, le noisetier, l'accacia.

On les tient à une certaine hauteur, un mètre cinquante environ, et chaque année on les tond des deux côtés avec des cisailles.

Dans certains pays, en Thiérache par exemple, les bestiaux sont mis en pâtures au printemps et ne rentrent à l'écurie qu'aux approches de l'hiver.

Les haies sont munies d'ouvertures fermées à l'aide de barrières pour l'entrée et la sortie des bestiaux. On établit à côté un petit passage muni d'un tourniquet à l'usage des personnes.

Les clôtures en palissades et en bois mort sont peu sûres mais peu coûteuses à établir : elles manquent aussi de durée, On ne doit les employer que dans le cas de nécessité absolue.

La meilleure clôture consiste à élever autour

du champ un monticule de cinquante centimètres de hauteur plus large à sa base, sur lequel on plante la haie que l'on peut mettre en état de défense en ne coupant les branches qu'à demi et en les entrelaçant. Au milieu, et de distance en distance, on plante des arbres dont les racines atteignent le vrai sol et consolident le monticule, ces arbres deviennent vigoureux et donnent avec le temps un bon bois de charpente.

Voies de communication.

Les voies de communication sont :

1° Les chemins de fer.

2° Les routes impériales entretenues aux frais de l'État.

3° Les routes départementales à la charge des départements.

4° Les chemins vicinaux de grande et petite communication que les habitants des campagnes sont tenus d'entretenir au moyen des prestations payées en nature ou en argent.

Il existe encore des chemins établis par les particuliers pour les besoins de leurs exploitation, que les propriétaires entretiennent à leurs frais et qu'ils peuvent supprimer quand il leur plaît.

Le bon état des chemins est d'un grand intérêt pour l'agriculture. Si les routes sont mauvaises, les transports sont plus difficiles et plus coûteux, et la vente des produits est moins avantageuse.

Cependant on ne sait pas toujours ce qu'une route nouvelle peut amener de changement dans un pays, parfois elle en fait la richesse, parfois aussi elle y amène la pauvreté.

Un chemin de fer, un canal est ouvert ; des localités situées à 40 kilom. de là, enverront vendre à la ville du jardinage qu'elles produisent à meilleur compte que les maraîchers environnants.

Les terres de ces localités augmenteront de

valeur tandis que celles du voisinage de la ville diminueront ou resteront stationnaires.

Voitures.

—

Les véhicules ou voitures dont on se sert à la campagne pour transporter les fumiers, les pierres, les récoltes, etc., sont les charrettes et les chariots.

Les charrettes employées dans la petite culture n'ont que deux roues ; on leur préfère les chariots à quatre roues plus faciles à traîner, et avec lesquels les chevaux sont moins exposés à se blesser.

CHAPITRE VI

—◇—

Constructions rurales.

—

Une construction rurale doit comprendre l'habition du fermier et de sa famille ; celle des serviteurs de la ferme, les bâtiments destinés aux animaux domestiques enfin ceux qui servent à la conservation et à la préparation des denrées.

Une ferme doit posséder une cave, des écuries, des étables, des bergeries, des porcheries, des poulaillers, des granges, des greniers à blé et à fourrage, une laiterie, un fruitier, une remise pour les outils, un four, un fournil, des ruches, un puits, un abreuvoir, une fosse à fumier.

Les bâtiments doivent être avant tout en rapport avec l'étendue du domaine, s'il y a insuffisance, le fermier sera gêné; si les bâtiments sont trop nombreux ou trop étendus, il sera tenu à des réparations, et à un entretien coûteux et inutile.

On ne peut pas toujours choisir dans un domaine l'emplacement le plus convenable pour y construire l'habitation, mais autant que possible, on s'établira au centre de l'exploitation dans une position un peu élevée, à proximité d'une source ou dans un endroit où l'on pourra facilement creuser un puits.

Si l'on ne pouvait rencontrer toutes les conditions de salubrité désirables, il faudrait recourir au drainage pour détruire l'humidité; on assainirait l'air s'il y a lieu au moyen de plantations d'arbres; on placerait les portes et les fenêtres du côté opposé aux sources de mauvais air; en un mot, on prendrait toutes les précautions hygiéniques recommandées en pareille circonstance.

L'humidité des bâtiments est souvent causée

par la nature du sol, quelquefois aussi elle est occasionnée par les pluies et les vents dominants ; dans le 1er cas il faut assainir le terrain soit par le drainage, soit par un carrelage posé sur un lit de charbon de bois pulvérisé, de tan ou de sciure; dans le 2e cas on supprimerait toutes les ouvertures exposées au vent et à la pluie, et on en onvrirait sur les autres façades du bâti-ment.

Caves.

Les caves doivent être creusées dans un terrain très-sain où l'eau ne puisse pénétrer; elles seront voûtées en plein cintre, enfoncées de 4 mètres environ, éloignées du passage des voitures et de tout atelier où les ouvriers ébranlent le sol, car les coups répondant jusqu'aux bouteilles et aux tonneaux, les fluides qu'ils contiennent se gâtent rapidement. Il faudrait éviter aussi le voisinage des égoûts, des latrines, des trous à fumier dont les émanations pénètrent dans les caves et nuisent aux substances qu'elles contiennent.

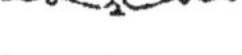

Ecuries

Les écuries sont les logements destinés aux chevaux, aux mulets et aux ânes.

La quantité d'air nécessaire à la respiration d'un cheval est de 25 à 30 mètres cubes. Lorsque l'écurie est sur un rang, chaque animal doit occuper un espace ayant 1 mètre 75 de large sur 4 mètres de longueur, y compris la crèche, la mangeoire et le passage. La hauteur des écuries devrait être de 4 mètres.

L'écurie doit contenir un lit pour le domestique et un coffre pour mettre l'avoine. Les harnais pourront être placés vis-à-vis de chaque cheval.

Pour une écurie sur 2 rangs la longueur affectée à chaque cheval peut être diminuée, mais il vaut toujours mieux pêcher par excès que par défaut.

Un cheval dont les mouvements ne sont pas gênés et qui n'est point touché par son voisin se porte mieux que celui qui est pressé et serré de tous côtés. On doit mettre entre deux une séparation solide et continue de manière à ce que le cheval puisse se coucher quand il veut et qu'il soit à l'abri des atteintes des autres.

L'obscurité fait du tort à la vue des chevaux; les écuries doivent donc être éclairées pour qu'ils ne s'effraient pas de la lumière en sortant.

L'auge que l'on appelle encore *crèche* ou *mangeoire* est un bac en pierre qui sert à mettre l'avoine, le son, les féverolles, etc.; elle doit être placée à une hauteur de 1 mètre 20 à 1 mètre 30 selon la taillle des animaux. Les rateliers destinés à recevoir le foin sont scellés au mur au-dessus des mangeoires qui reçoivent ainsi la graine des fourrages.

Le sol des écuries doit être sain et exempt de

toute humidité, il sera pavé et disposé de manière à faciliter l'écoulement du purin. Enfin l'air pourra être renouvelé à l'aide d'ouvertures destinées à produire des courants et placées au-dessus du plafond.

Les portes d'entrée auront de 1 mètre 20 à 1 mètre 30 de largeur sur 2 à 2 m. 50 de hauteur; une porte à claire-voie extérieure pour donner de l'air et arrêter les poules qui iraient manger l'avoine et laisser en place des plumes dans les auges, serait très-utile.

Etables.

—

Les étables ou les logements des bêtes à cornes, doivent être construites de manière à ce que chaque bœuf ou vache puisse disposer d'un espace ayant 1 mètre 50 de large sur 4 mètres de long. La hauteur de l'étable sera de 4 mètres, ce qui présente une capacité de 24 mètres cubes d'air pour chaque animal.

Les mangeoires, construites en pierres ou en briques seront dallées afin d'y maintenir la propreté; elles seront aussi plus larges que celles des écuries.

Une étable simple a ordinairement 4 mètres 50 de largeur, et une étable double 7 à 8 mètres.

Bergeries.

Les bergeries doivent être bien aérées, car les moutons ne peuvent prospérer dans une atmosphère malsaine. On compte 1 mètre carré de

surface pour chaque brebis et 0 mètres 75 centimètres carrés pour chaque agneau.

Le sol des bergeries doit être parfaitement sec,
pavé autant que possible et recouvert d'une
couche de sable ou de marne que l'on remplace
de temps à autre.

Les rateliers sont placés à la hauteur du dos de
l'animal, scellés dans la longueur au mur ou placés au milieu de la bergerie.

Porcheries.

On appelle porcherie ou toit à porcs, l'emplacement occupé par les cochons.

Ces loges donnent généralement sur la cour
de la ferme afin d'y lâcher plusieurs fois par
jour ces animaux qui réclament beaucoup
d'air.

Le porc n'aime pas à vivre dans l'ordure comme on le pense; on peut remarquer au contraire qu'il choisira toujours une place propre pour se coucher; il devra donc être nettoyé souvent.

Cet animal est destructeur par excellence; il aime à fouiller la terre, son logement a besoin d'être solidement construit, et pavé en pierres dures, à la chaux hydraulique, si on peut s'en procurer.

Chaque loge aura trois mètres carrés environ et 2 m. 50 de hauteur.

Les mangeoires seront construites en pierre et encaissées dans la maçonnerie des loges.

Poulaillers.

Les poulaillers doivent être construits sainement et entretenus avec une propreté toute particulière.

Ils auront une fenêtre au levant, une autre au Midi, avec un jour au Nord pour les rafraîchir pendant l'été ; ces ouvertures seront munies de grillages destinés à fermer le passage aux chats, aux fouines et aux putois ennemis de la volaille.

L'intérieur sera garni de perchoirs ronds et lisses, en quantité suffisante pour que chaque poule puisse y occuper une place de 0 mètre 15 centim. On y mettra aussi des nids pour les couveuses.

Granges et Meules.

Les granges sont des bâtiments destinés à recevoir les céréales depuis le moment de la récolte jusqu'à celui du battage. Ces bâtiments sont inutiles dans le Midi où l'on bat le blé en plein air après la moisson, et où les pailles sont mises en meules.

Les granges doivent être d'un abord facile, ayant une porte charretière de grande dimension.

Vu l'absence des planchers et les grandes dimensions de la charpente, les murs ont besoin d'une forte épaisseur.

Les *meules*, comme auxiliaires indispensables des granges, rendent le plus grand service aux cultivateurs.

Pour faire une meule, on trace l'emplacement circulaire dont le diamètre est d'environ huit mètres pour 5 à 600 bottes, de 7 mètres pour 4 à 500, et ainsi de suite. Le sol est d'abord garni d'une couche de paille, fanes, colza, etc., de 50 à 60 centimètres d'épaisseur. La première assise se nomme le *soustrait*. Immédiatement au-dessus, on établit un premier rang commençant par une seule gerbe posée debout au centre et à partir de laquelle toutes les autres se posent successivement en s'inclinant de plus en plus, de manière à se trouver à plat une fois arrivées à la circonférence.

La masse repose ainsi sur une espèce de pivot autour duquel toutes les gerbes sont placées dans une position symétrique ; on met ensuite les gerbes les unes sur les autres, en ayant soin de les entrecouper de manière à ce qu'elles se lient parfaitement entre elles.

La surface du toit doit être exactement conique, afin que l'inclinaison soit toujours la même partout, et que l'eau ne puisse pénétrer dans la meule, et y causer de grands dommages.

La couverture se fait en chaume ; on attend huit à dix jours, afin de laisser opérer le tassement, sans quoi la meule ne résisterait pas aux grands vents.

On pose d'abord l'*égout*, saillie en paille implantée tout autour de la meule, à son plus grand diamètre, de manière à établir une distinction entre le toit et le corps proprement dit.

La couverture se fait ensuite à peu près comme pour une toiture ordinaire en chaume. Le prix de la main-d'œuvre est de 0,04 c. par mètre carré, et ne dépasse guère 12 à 15 francs pour des meules de 5 à 6,000 gerbes.

Greniers à blé et à fourrage. — Silos.

—

Les greniers à blé doivent être placés dans les étages supérieurs des bâtiments d'habitation, au-dessus des hangars, des remises, des bûchers, jamais au-dessus des écuries et des étables. Leur disposition doit permettre de les aérer facilement.

Les planches qui supportent les greniers à blé ont besoin d'une grande solidité, de manière à pouvoir supporter 500 kilogrammes environ par mètre carré.

Le blé exigeant de fréquentes manutentions, on ne doit pas l'amonceler à une grande hauteur dans les premiers temps. L'épaisseur est de 40 à 50 centimètres pour le blé de la première année, et de 60 à 70 pour celui de la deuxième.

Les greniers à fourrage se placent souvent

au-dessus des écuries et des étables. Quand on doit opérer sur une grande quantité, il est préférable de construire des meules, plutôt que d'enfermer les fourrages dans les bâtiments.

Les *silos* sont des fossés ou le blé se conserve, privé d'air et de lumière, et à l'abri des insectes nuisibles.

La forme des *silos* importe peu; l'essentiel est que l'eau n'y pénètre pas. Les parois doivent être garnis de paille, pour préserver le grain de l'humidité. Le fond doit être à claire-voie, ou établi sur un sol très perméable.

Les *silos* peuvent aussi être appliqués à la conservation des autres produits alimentaires, tels que les pommes de terre, les carottes, les navets, etc.

Des Laiteries

Les laiteries demandent à être convenablement construites, et tenues avec intelligence et propreté. Elles n'ont pas toutes la même destination, car tel fermier a plus d'avantage à faire du beurre et du fromage qu'à vendre son lait, et réciproquement.

La laiterie à lait se compose ordinairement de deux pièces; dans la première, on dépose le lait; dans la seconde, on lave les ustensiles et on les fait sécher. Ces pièces doivent être carrelées en pente, pour l'écoulement des eaux, et garnies de tables et madriers pour y déposer les vases pleins ou vides.

Les laiteries à fromages demandent en plus une troisième pièce pour y serrer les produits, laquelle doit être exempte de toute humidité, et exposée au midi autant que possible.

Les autres constructions rurales sont tellement connues, que nous nous abstiendrons d'en faire une description, qui n'aurait aucune utilité pour nos lecteurs.

CHAPITRE VII.

Des Céréales.

—

On donne le nom de céréales à des plantes de la famille des graminées, avec lesquelles on fait de la farine et du pain. Leur nom vient de Cérès, déesse qui présidait aux moissons au temps du Paganisme.

D'après l'importance de ces plantes, on peut les classer de la manière suivante : froment, orge, avoine, maïs ; on pourrait y ajouter le millet et le sorgha.

Les céréales n'existent nulle part à l'état sauvage ; elles sont évidemment le produit de la culture de quelque plante naturelle, mais il est impossible de dire où et quand cette culture a commencé. On peut présumer cependant qu'elle est originaire de l'Asie ; ce qui donnerait raison à cette croyance, c'est la présence dans nos champs des bleuets et des coquelicots, compagnons inséparables des céréales d'Asie, et qui n'existent nulle part en Europe à l'état sauvage.

Froment.

Il y a deux sortes de froments ou blés : ceux qui se sèment en automne et passent l'hiver en terre pour lever au printemps ; ceux que l'on sème au printemps et qui ne passent guère que cinq à six mois en terre. Les premiers sont appelés blés d'hiver, et les seconds blés de printemps ou de Mars.

Les blés d'hiver sont les plus productifs et les plus cultivés ; ils se sèment en octobre ; on les divise en blés blancs et blés roux. Les variétés les plus estimées de la première série sont : le blé blanc de Bergues ou blanzé, dont la farine est de première qualité ; le blé de Hongrie qui lui est peu inférieur ; la touselle de Provence et la Richelle de Naples que l'on cultive dans le Midi.

Les meilleurs blés roux sont : le blé de Saumur et celui de Saint-Baud, d'origine française. Parmi les blés anglais, le blé rouge d'Ecosse, le blé rouge d'Oxford, celui de La Haye qui réussissent aussi bien dans le Nord que dans le Midi.

Toutes ces espèces sont sans barbes, et ont produit d'innombrables sous-variétés.

Parmi les blés barbus d'hiver, on distingue le poulard blanc, le poulard bleu, la pétanielle noire, la richelle barbue, le blé de Smyrne, de Pologne, etc.; ils sont plus avantageusement cultivés dans le Midi que dans le Nord.

Les épeautres sont des espèces de blés barbus ressemblant assez à l'orge, et dont les balles restent adhérentes aux grains après le battage. Les principales propriétés sont : la grande épeautre, la petite épeautre et l'épeautre d'Espagne.

La moyenne de rendement du froment est de

six fois la semence, environ 18 hectolitres par hectare. Certaines terres peuvent cependant en donner trente, trente-cinq et même quarante hectolitres.

Quand une terre ne donne pas 10 hectolitres par hectare, on doit s'abstenir d'y semer du blé.

On a calculé qu'un hectare en blé produisait 1930 kilogrammes de paille et 29 hectolitres de grains.

La paille doit peser de deux à trois fois le poids du grain.

Le blé, premier choix, ne doit pas peser moins de 80 kilogrammes l'hectolitre; ceux de première qualité, 78 à 79 kilogrammes.

Les blés ordinaires ou de seconde qualité appelés aussi blés marchands ne pèsent guère plus de 76 kilogrammes à l'hectolitre, et ceux de troisième qualité ne dépassent pas 75 kilogrammes.

Seigle.

—

Le grain du seigle est plus menu, plus long, plus brun que celui du froment ; sa farine donne un pain bis assez bon, mais peu nourrissant ; sa paille est très-estimée parce qu'elle peut facilement se travailler.

Les botanistes rangent cette plante parmi les orges, sous le nom de *horteum secale*.

On en cultive quatre variétés : le seigle d'hiver, le seigle de printemps, le seigle de Rome et le seigle de la Saint-Jean nommé aussi Multicaule.

La première de ces variétés est la plus productive et la plus communément cultivée. Le seigle de printemps n'est guère employé que comme remplacement d'un seigle d'hiver manqué. Le seigle de Rome, le plus gros de tous, ne réussit que dans le Midi ; celui de la Saint-Jean se sème à la fin de juin, est employé comme fourrage en

16.

octobre, et donne néanmoins une récolte l'année suivante. Son grain est petit et de médiocre qualité.

Le rendement du seigle varie suivant la nature du sol. La moyenne est de 20 à 25 hectolitres par hectare, mais certaines terres privilégiées en produisent jusqu'à 30 et 32 hectolitres.

Quelquefois on sème un mélange de froment et de seigle qui donne un pain bis de très-bonne qualité. Ce mélange s'appelle *méteil*. Il serait plus simple de mêler les deux espèces récoltées séparément, car le froment met plus de temps à mûrir que le seigle. On doit avoir soin de choisir un froment hâtif et de faucher un peu avant sa maturité.

A l'automne, on peut ensemencer en seigle un terrain destiné à recevoir des pommes de terre ou des betteraves; on se procure ainsi sans nuire à la récolte de ces racines, un excellent fourrage que l'on coupe au printemps, au moment de mettre le fumier.

On pourrait, à la rigueur, couper ou faire pâturer une céréale jusqu'au moment où les épis paraissent, et en tirer ensuite une récolte de grains; mais la récolte sera d'autant moins abondante que le fauchage ou le pàturage auront été faits plus tard, et, dans aucun cas, cette pratique ne peut lui être favorable qu'autant que l'on pouvait craindre qu'elle versât par excès de fécondité du sol.

Nous ferons remarquer ici que les agriculteurs pensent généralement qu'il vaut mieux moissonner les céréales avant leur complète maturité : au moment où la paille commence à jaunir près de l'épi. Il est évident qu'alors le grain ne retire plus aucune nourriture de la plante. On pourrait même faucher cinq ou six jours avant cette époque, car la sève n'ayant plus qu'une faible action sur la plante; la maturation n'en continue pas moins.

Le blé récolté avant sa complète maturité est toujours d'une qualité supérieure.

Orge.

—

On dit souvent par comparaison : *Grossier comme du pain d'orge.* Cela vient de ce que l'orge seul ne donne qu'un pain rude et de mauvaise qualité. On l'emploie mélangée au froment et au seigle ; mais elle sert surtout à la fabrication de la bière et à la nourriture des bestiaux ou des animaux de basse-cour.

La moyenne de rendement pour l'orge est de 16 hectolitres, mais une bonne terre peut produire jusqu'à 30 hectolitres par hectare (l'hectolitre d'orge pèse de 64 à 65 kilogrammes).

On doit herser l'orge et la rouler lorsqu'elle montre ses feuilles. En général, le hersage a pour but de faire taller les céréales, c'est-à-dire de développer les pousses latérales ; il doit être donné de bonne heure. Un hersage tardif aurait l'inconvénient de faire taller les plantes à une époque où les nouveaux épis n'auraient plus le temps de mûrir.

L'Avoine.

—

L'avoine est généralement cultivée pour la nourriture des animaux ; cependant, dans certains pays, on en fait de la bouillie et du pain d'un goût peu agréable, dont les habitants se contentent dans l'impossibilité où ils sont de s'en procurer d'autre.

Les avoines blanches sont préférées dans le Nord de la France, les noires sont cultivées dans les départements du Centre et du Midi. Parmi la première, on cultive particulièrement l'avoine blanche des Flandres, l'avoine patate, l'avoine de Georgie, l'avoine blanche de Hongrie. Parmi les secondes, les meilleures sont celles de la Brie, de la Beauce, appelée Joannette, et l'avoine noire de Hongrie. Ces trois dernières variétés se sèment au printemps. L'avoine d'hiver se sème en septembre et mûrit plus tôt que les autres.

Le rendement de l'avoine varie de 20 à 60 hectolitres par hectare ; l'hectolitre de bonne qualité pèse de 42 à 45 kilogrammes. C'est, de toutes les céréales, celle qui se conserve le mieux.

Maïs.

La culture du Maïs, que l'on appelle aussi improprement blé de Turquie, offre de grands avantages; elle peut réussir partout en France, et donne, outre un grain d'une conservation facile, un fourrage sain et nourrissant.

On sème cette plante en avril ou mai, dans une terre ayant reçu trois labours, dont deux en automne et un au printemps. On butte la plante quand elle a atteint 20 à 25 centimètres, et, quinze ou vingt jours après, on recommence la même opération.

Les épis mâles (ceux qui ne portent pas de graine) sont coupés après la fécondation, et procurent un excellent fourrage; quand les épis femelles sont bien développés, on peut encore débarrasser la tige des feuilles dont elle n'a plus besoin.

En facilitant la maturité des épis, on se procure ainsi une seconde récolte de fourrage.

La récolte se fait en septembre ou octobre Dans un terrain fertile, le maïs peut rendre 60 hectolitres par hectare. Un hectolitre pèse environ 75 kilogrammes.

Sarrazin. — Millet. — Sorgho.

En Bretagne, on cultive beaucoup le sarrazin, dont le grain fournit une farine avec laquelle on fait de la bouillie et des galettes qui servent à la nourriture des classes laborieuses, dans cette contrée où l'on mange peu de pain.

Le *Sarrazin* vient facilement dans les terrains siliceux, maigres et épuisés. On le sème en juin, ce qui permet de le faire précéder d'une récolte de vesces ou de trèfle incarnat semés en automne. Sa culture est des plus faciles : on choisit pour le récolter le moment où la plante est suffisamment chargée de grains mûrs, car il est impossible de profiter de la récolte entière, les épis portant à la fois des fleurs, des grains à demi-formés et d'autres parfaitement mûrs qui s'égrènent au moindre choc.

On en récolte en moyenne 15 à 18 hectolitres par hectare; l'hectolitre pèse environ 66 kilogrammes.

Le *millet* se cultive en petite quantité dans le Midi et l'Ouest de la France. Le grain revêtu d'une écorce dure et lisse fournit un aliment lourd et indigeste sous forme de gruau et de semoule. Son rendement est de 20 à 25 hectolitres par hectare.

Le *Sorgho* n'est pas considéré comme plante alimentaire; cependant il tient lieu de blé aux nègres de l'Afrique centrale.

On le cultive dans le Midi, mais la graine est donnée aux volailles. La paille sert à faire des balais blancs.

Légumes secs.

—

On désigne sous ce nom les haricots, les pois, les fèves et les lentilles dont les différentes variétés se cultivent dans les jardins et dans les champs.

Les *haricots* ont deux variétés principales, les haricots à rames et les haricots *nains*. Parmi les premières, ou cultive le haricot blanc de Soissons, le sabre-blanc, le blanc de Liancourt, le rouge de Prague et le haricot beurre de couleur noire. Les haricots nains le plus généralement cultivés sont le nain de Soissons, le sabre nain, le flageolet suisse de Bagnolet, le haricot nain du Canada.

Ce légume est très sensible à la gelée; on ne doit guère le planter avant la deuxième quinzaine du mois de mai, il aime une terre légère et bien labourée.

Les perches se mettent en place aussitôt que les feuilles sont poussées.

Dans un bon terrain les haricots à rames peuvent donner de 25 à 30 hectolitres par hectare, les haricots nains de 15 à 20 hectolitres seulement.

On cultive les fèves en grand à l'Ouest et au Midi de la France ; elles ont la propriété de bien préparer les terrains destinés à produire le blé beaucoup plus beau et plus productif quand il a été précédé de cette récolte. On peut les planter en automne ou au printemps dans une raie de charrue et laisser un espace de deux raies sans semer.

Non seulement les fèves produisent un fourrage d'excellente qualité, mais les grains concassés ou détrempés dans l'eau conviennent très-bien aux chevaux, aux bœufs à l'engrais et aux porcs.

Le rendement est en moyenne de 15 à 16 hectolitres par hectare.

On cultive les pois sur une grande échelle dans le centre de la France.

Ses variétés principalement sont le pois vert normand qui conserve une teinte verte après sa maturité, le pois ridé, le nain de Bretagne et le pois Michaux.

On cultive aussi une espèce de pois dont les

cosses vertes sont succulentes, et que l'on appelle pour ce motif *mange-tout.*

Le fourrage vert du pois est de très bonne qualité, mais son rendement est variable, à peine si dans certaines années il rend la semence tandis qu'en autre temps il produira 15 hectolitres par hectares.

L'histoire d'Esaü nous apprend que les *lentilles* étaient cultivées en Orient dès la plus haute antiquité; on les cultive dans le Midi de la France.

La graine est un de nos légumes secs les plus estimés et la paille fournit un excellent fourrage aux bestiaux.

Le Labour.

La Moisson.

La Récolte des Fruits.

CHAPITRE XI.

Plantes oléagineuses.

—

Les plantes oléagineuses ou olifères sont celles dont les graines séchées, broyées et pressurées produisent de l'huile.

Les plantes oléagineuses, cultivées en France, sont : le colza, la navette, le pavot et la cameline.

Le *colza* est une espèce de chou ramifié dont on distingue deux variétés : le colza d'hiver et celui de printemps.

La première se sème en pépinière dans le courant de juillet pour être planté en septembre, soit à la charrue soit au plantoir. Le terrain doit être bien fumé et avoir reçu trois labours.

Au commencement de la floraison des ouvriers étètent le plan afin de faire refluer la sève au profit des fleurs qui se développent alors rigoureusement et produisent une graine de bonne qualité.

Le colza de printemps ne se transplante pas. On le sème vers le 15 mai pour le récolter en automne. Sa récolte n'est jamais aussi abondante que celle du colza d'hiver; pendant que ce dernier donne 25 à 30 hectolitres de graine à l'hectare; le premier n'en produit que 15 à 18 hectolitres; aussi le cultive-t-on rarement.

Le colza ne doit pas être récolté trop mûr; on le scie au moment où les cossettes commencent à jaunir; ils achèvent de mûrir sur la terre où on les laisse un jour ou deux, après quoi il est placé sur de grandes toiles. puis battu sur place.

La *navette* donne une huile peu inférieure à celle du colza et sa culture exige moins de soin. On la sème sur place; quand elle est levée, on l'éclaircit de manière à ce que le plant se trouve espacé de 20 a 25 centimètres en tous sens.

Il en existe de deux espèces : la navette de printemps et la navette d'hiver. La première se sème surtout en remplacement d'un colza d'hiver détruit par la gelée; son rendement est d'environ 18 a 20 hectolitres de graine par hectare ; la navette d'hiver est moins productive que celle de printemps ; elle ne peut donner que 12 à 15 hectolitres.

La culture du *pavot* demande une grande précaution et des soins assidus. Son huile tient le premier rang après celle des oliviers ; on en fait un commerce très important.

Il y en a trois espèces principales : le pavot-œillette commun, le pavot blanc et le pavot aveugle.

La première seule est cultivée dans les champs.

Un hectare de pavot peut produire 20 à 25 hectol. de graine.

La *cameline* est peu cultivée en France. L'huile que l'on retire de sa graine sert à la fabrication du savon. Cette plante se sème en mars ou avril et sa récolte se fait comme celle du colza.

Souvent elle croit spontanément dans les champs de lin.

—◆—

Plantes textiles.

—

Les plantes textiles sont celles dont la tige fournit une filasse propres à fabriquer le fil et l'étoffe.

Les plus généralemeut cultivées sont le *lin* et le *chanvre*.

Le lin était connu aux époques les plus reculées. On en compte de nombreuses espèces : le lin a fleurs bleues, le lin à fleurs blanches d'Europe et le lin à fleurs blanches d'Amérique.

Cette plante exige de nombreux travaux soit comme préparation soit comme culture.

Le sol qui lui est destiné doit être fumé et pulvérisé avec soin. On sème en mars les lins hâtifs et en mai les lins tardifs : les premiers sont les plus avantageux.

Il faut arracher les plants avant la complète maturité de la graine, dès que les tiges ont pris une nuance jaunâtre, afin d'obtenir une filasse plus fine.

La graine est utilisée alors pour l'extraction de l'huile de lin et pour la fabrication des farines de graine de lin employées en médecine comme émollients. Quand on veut la faire servir comme semence, il faut laisser mûrir davantage.

Le *rouissage* est une opération qui consiste à faire décomposer l'écorce dans une eau courante ou stagnante pour en retirer plus facilement la filasse adhérente à la tige.

Pour rouir le lin on l'étend sur une prairie pendant les mois de janvier et de février, en ayant soin de le retourner de temps en temps; ou bien on le laisse plongé dans l'eau des mares ou des ruisseaux.

La première méthode de rouissage dite *a la rosée* exige un mois et quelquefois deux; il suffit souvent de dix à quinze jours pour le rouissage à l'eau stagnante ou à l'eau courante.

Quand le rouissage est terminé on fait sécher le lin, puis on l'étend sur un pré où il reste environ 15 jours; on le met ensuite dans un four tiède pour le préparer au broyage ou teillage.

Le broyage se fait à l'aide d'un instrument en bois appelé *broie*, garni à l'intérieur de lames qui se croisent. D'une main l'ouvrier soulève le couvercle supérieur terminé par un manche, de l'autre il place le lin ou le chanvre entre les lames de l'instrument et celles du couvercle, puis en frappant il broie la tige qui tombe en petits morceaux.

Un hectare de terre bien préparée peut produire de 10 à 12,000 kilog. de branches de lin. 100 kilog. de lin séché donnent après le teillage 24 kilogr., lesquels peignés se réduisent à 12 ou 14 kilogr. de filasse.

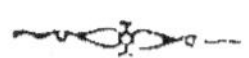

Chanvre.

—

Le chanvre est une plante dioïque, c'est-à-dire que les fleurs mâles et les fleurs femelles naissent sur des pieds séparés.

Sa culture est d'autant plus importante qu'il est généralement d'une réussite plus assurée que le lin et que sa filasse peut servir au cultivateur à confectionner la majeure partie de ses vêtements.

Le chanvre demande un sol riche, bien engraissé; aussi vient-il parfaitement sur l'emplacement des étangs désséchés.

Avant l'hiver, on bêche le terrain destiné à la culture du chanvre et on le dispose en billons très bombés pour le laisser reposer jusqu'au printemps. Un mois ou deux avant la semaille on ratisse la terre pour la rendre meuble, on fume puis on sème assez épais et on recouvre soigneusement la graine. Pour terminer on divise le terrain en planches à l'aide d'une bêche.

La graine peut fort bien s'enterrer avec un bon hersage après lequel on étend une seconde couche de fumier.

Quand le chanvre est levé quelques cultivateurs le garantissent des gelées auxquelles il est très sensible, en semant les feuilles de la cendre de foyer.

Le chanvre mâle mûrit le premier ; quand il est défleuri on l'arrache, et on laisse le chanvre femelle sur pied jusqu'à ce que la graine soit mûre. Dans quelques pays on coupe à la fois mâle et femelle lorsque les fleurs des premiers sont passées.

Le rouissage et le teillage du chanvre se font comme ceux du lin. L'odeur infecte qu'il répand oblige à éloigner les routoirs des habitations. On ne peut l'opérer dans les rivières, car tout le poisson serait empoisonné.

CHAPITRE IX.

PLANTES TINCTORIALES.

La garance.

La culture de la *garance* a été importée en France par un Persan nommé Althen; converti en christianisme, qui était venu habiter le comtat d'Avignon. Après de longs efforts couronnés de succès; cet homme courageux et entreprenant eut la satisfaction de doter son pays adoptif d'une nouvelle source de richesse. Le département du Vaucluse, en mémoire de ce bienfait, lui a érigé une statue.

La couleur rouge-garance a été adoptée pour les pantalons de l'armée, et on extrait de cette racine un rouge à l'usage de la peinture presque aussi beau et moins coûteux que celui que l'on tire de la cochenille.

On sème la garance du premier mars au quinze avril sur des planches de 1ᵐ 50 de largeur et séparées entre elles par des sentiers larges de 0ᵐ 50 cent. A l'aide d'une binette on ouvre des raies distantes les unes des autres de 0ᵐ 30 cent. environ et dans lesquelles on dépose la graine.

L'arrachage demande une grande surveillance de la part du cultivateur; les parties inférieures des racines laissées en terre étant les plus riches en principes colorants, la négligence des ouvriers lui causerait une perte sérieuse. Pendant la culture on a dû butter à plusieurs reprises; les sentiers qui séparent les planches ont atteint en profondeur le niveau de l'extrémité inférieure des racines.

On commence par la ligne la plus rapprochée de la rigole de séparation entre deux planches; on déchausse les racines en jetant la terre dans

la rigole ; des femmes ou des enfants les ramas-
sent les étalent sur le sol.

Ces racines sont ensuite séchées et nettoyées avec soin pour être livrées au commerce.

La garance est une plante vivace ; elle occupe le terrain pendant deux, trois et même quatre ans.

Un hectare bien cultivé peut produire 1,000 à
1,200 kilogr. de racines.

Le pastel.

Le *pastel*, autrefois très recherché dans les
arts, a donné son nom a un certain genre de
peinture, mais depuis la découverte de l'indigo,
on peut le ranger dans la catégorie des plantes
fourragères ; Il n'est plus que rarement cultivé
comme plante tinctoriale, et en tenant compte
des frais d'extraction de la matière colorante,

on trouve que cette culture ne couvre pas ses frais.

On le sème au mois d'août sur un sol riche, bien labouré et bien fumé, et il est propre à pâturer dans le mois d'avril suivant ; mais on a remarqué ce fait singulier que si certaines races de moutons l'acceptent et s'en trouvent bien, il en est d'autres qui le refusent obstinément et n'y veulent point goûter.

La Gaude.

La gaude est une sorte de réséda sauvage inodore qui fournit une teinture jaune. On la sème à la fin de l'été et on la couvre très superficielle-ment, sans quoi elle ne lèverait point. On la sarcle au printemps, et vers le mois d'août, quand la graine est mûre ou à peu près, on l'arrache pour la faire sécher et la livrer par bottes au commerce.

Safran.

—

Le *Safran* est peu cultivé en France. Cette plante vivace peut occuper une même terre pendant trois. Sa récolte exige un travail minutieux. Deux fois par jour, à l'époque de la floraison, chaque fleur doit être prise une à une pour en détacher le *pistil*, seule partie employée soit en médecine, soit en assaisonnement pour la cuisine, soit enfin pour en extraire la teinture jaune-clair employée dans les arts.

On plante les ognons du safran vers la seconde quinzaine de juillet et les fleurs commencent à se montrer vers le mois d'octobre. Cette culture pourrait réussir dans tout le centre de la France, mais elle n'est avantageuse qu'autant que le cultivateur pourra faire la récolte à l'aide de sa famille et n'aura pas d'ouvriers a payer.

Nous nous bornerons à mentionner simplement comme plantes tinctoriales la *renouée* des teinturiers, dont on extrait une couleur bleue;

le *tournesol* donnant aussi une couleur bleue uti—
lisée par les habitants d'une seule commune du
département du Gard ; enfin le *carthame* dont le
principe colorant (rouge) réside exclusivement
dans la fleur.

Toutes les plantes tinctoriales ne doivent être
cultivées que sur commande où lorsqu'on a la
certitude de vendre avantageusement les produits ; c'est du reste le procédé à suivre pour
toutes les plantes industrielles dont la vente n'est
pas assurée du jour au lendemain comme pour
les céréales.

PLANTES A PRODUITS DIVERS.

Le Tabac.

Le *Tabac* est une plante annuelle découverte
en 1560 par les Espagnols dans l'île de *Tabaco*,

une des Antilles. Ses feuilles d'une odeur forte et d'un goût âcre sont devenues d'un usage général.

La création d'un impôt sur cette plante remonte en France a l'année 1629. On ne peut la cultiver sans autorisation de la régie qui détermine son mode de culture et jusqu'au nombre de plants et de feuilles que l'on peut laisser sur chaque hectare.

n sème le tabac en pépinière et on le repique dans une terre douce, légèrement inclinée au midi si c'est possible, et abritée contre les vents violents. Il est à remarquer que la première récolte de tabac obtenue d'une bonne terre qui en produit pour la première fois est médiocre, que la seconde vaut mieux, et la troisième vaut davantage encore.

Les sommets des tiges doivent être supprimés avant la floraison. Les feuilles se développent ainsi davantage, quand elles ont atteint leurs maturité ce que l'on reconnaît quand elles inclinent vers la terre et se couvrent de tâches jaunâtres, il faut se hâter de les récolter afin qu'elles ne sèchent pas sur pied ce qui en diminuerait le poids au détriment du cultivateur. Le rendement d'un hectare en France est en moyenne de 1,800 kilogr. pour le nord et de 600 pour le midi.

Dans les pays où cette culture est libre, comme en Belgique, en Hollande, etc, la production s'élève de 4 a 5,000 kilogr. par hectare. La régie seule a droit de préparer le tabac en France; on le lui livre en paquets nommés *manogues* après l'avoir laissé fermenter en tas pendant un certain temps.

Le Houblon.

Cette plante qui sert à fabriquer la bière se cultive beaucoup dans le Nord-Est de la France, elle est dioïque comme le chanvre. Le houblon mâle ne donne aucun produit, mais il est bon d'en planter quelques pieds dans les houblonnières afin de féconder les fleurs femelles et d'en augmenter ainsi le volume et la qualité.

Cette plante domande une terre fraîche, riche, profonde. On défonce le sol à deux fers de bêche et on fume fortement l'année de la plantation et les années suivantes.

Le Houblon se multiplie par boutures : en automne on plante de vieux pieds enracinés et l'on obtient une récolte dès l'année suivante ; ou bien l'on plante au mois d'avril de gros rejetons détachés des vieux pieds avant qu'ils ne poussent, dans ce cas la récolte est presque nulle la première année.

La dépense la plus forte pour cette culture est l'achat des perches que l'on remplace quelquefois par des fils de fer posés suivant les lignes sur des piquets. Une baguette plantée à chaque pied met alors la plante en communication avec le fil de fer.

On butte le houblon lorsqu'il est un peu grand et on tient le sol bien net. Dans une houblonnière déjà établie on a soin de ne point laisser une trop grande quantité de jets à la base de chaque tige ; deux ou trois suffisent. Les autres doivent être arrachés dès qu'ils se montrent.

La récolte se fait en septembre par un temps sec, lorsque les cônes ou fruits ont pris une forte odeur et une nuance blanchâtre. Les pieds de houblon étant coupés on enlève la perche afin de recueillir les fruits les plus commodément. Ces cônes sont ensuite séchés dans les greniers puis on les emballe dans de grands sacs pour les vendre.

Le rendement est très variable, quelquefois il est nul ; d'autres fois il s'élève jusqu'à 2,500 kil. de cônes par hectare.

Cardère.

La *cardère* est cultivée dans les pays où l'on fabrique des étoffes de laine. Ses têtes garnies de crochets servent à peigner les tissus ; les manufactures de draps en emploient pour cet usage de grandes quantités.

On les sème en mai ou juin en pépinières pour repiquer en automne. La récolte se fait l'année suivante, lorsque les têtes commencent à jaunir. On les coupe alors en laissant à chaque tige la longueur nécessaire pour pouvoir les lier en paquet.

On peut récolter de 50 à 15,000 têtes dans un hectare.

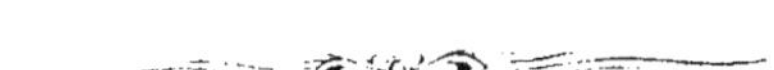

CHAPITRE X

Plantes fourragères naturelles et artificielles.

—

On appelle plantes *fourragères* celles qui servent exclusivement ou principalement à la nourriture des bestiaux ; elles appartiennent presque toutes, comme les céréales, à la famille des graminées, et constituent deux espèces de fourrages : Les fourrages naturels et les fourrages artificiels. Les premiers sont produits dans les prairies, les seconds sont cultivés dans les champs.

On ne se servait autrefois que des prairies naturelles pour nourrir le bétail, mais le nombre de terres cultivées augmentant, il a fallu recou-

rir aux prairies artificielles ; ces dernières n'ôtent
cependant pas toute importance aux premières.
On ne saurait produire trop de fourrages ; lorsqu'il abonde on élève une plus grande quantité
de bestiaux et si l'on ne trouve pas toujours à
vendre le foin, les bestiaux ne manquent jamais
d'acheteurs.

« Le bétail, disait Mathieu de Dombasle, est
« du foin qui prend des jambes pour se porter
« lui-même au marché. »

On distingue les prairies, d'après leur situation et la qualité du foin qu'elles produisent, en
prairie de vallées, prés secs, prés de plaine, prés
marécageux.

Les meilleures prairies sont celles des vallées,
au bord des rivières ou des ruisseaux, qui y entretiennent une humidité bienfaisante ; elles se
fauchent deux fois dans l'année. Les prairies
élevées ou sèches sont ordinairement peu productives, mais elles donnent de très bons foins ;
il en est de même des prairies de plaines situées
entre les champs. Les prés marécageux rendent
beaucoup plus, mais leur produit est de mauvaise qualité.

Les prairies demandent plus d'humidité que

les champs; on ne pourrait tirer de meilleur parti des terrains bas, humides, situés au bord des eaux et sujets aux inondations qu'en les laissant en prairies, Mais il faut leur donner quelques soins dans le but d'améliorer la qualité du fourrage et d'en augmenter la quantité. On doit détruire les mauvaises plantes, favoriser le développement des bonnes, mettre du fumier, dessécher, irriguer, drainer suivant les circonstances.

Pour débarrasser les prairies des mauvaises herbes, les Hollandais les font pâturer aussitôt la coupe du regain par des bêtes à cornes, puis par un troupeau de moutons, et en dernier lieu, ils lâchent dedans de jeunes porcs qui ont jeûné pendant 24 heures. Pressés par la faim, ces animaux fouillent le sol ardemment pour dévorer les racines des mauvaises plantes. Au bout d'un certain temps la surface est entièrement bouleversée et il ne reste plus trace de végétation. Sur les places les plus dégarnies on répand de la graine et bientôt la prairie complétement nettoyée se recouvre de verdure.

Parmi les nombreuses plantes qui végètent dans les prairies, les meilleures sont le pâturin, dont il y a plusieurs espèces; l'ivraie dont l'une des espèces, le ray-grass rieffel, donne un fourrage grossier mais sain et nourrissant. L'*avoine des prés*, peu productive en foin mais recherchée des bestiaux; la *fétuque*, très favorisable à l'engraissement des bêtes à laines; la *fléole* des prés dont on forme de grandes prairies en Angleterre; le *vulpin* des prés, qui ressemble beaucoup à la fléole, très odorant et recherché des bestiaux; l'*agrostide*, donnant un fourrage sucré très estimé; l'*alpitre-roseau*, produisant un fourrage grossier estimé des bêtes à cornes; la *houlque* molle ou lumineuse, recherchée des bestiaux comme herbage; la *mélique*, très nourrissante à cause de son épi long et fourni; le *dactyle*, dont la tige est dure et ressemble à de la paille; la *flouve* odorante, avec laquelle les marchands parfument les foins médiocres.

On peut encore citer, bien que de qualité inférieure, la *cynosure* ou *cretelle*, la *hiérachloë* boréale, l'*orge* des prés, l'*orge* bulbeuse, enfin la *glycérie* flottante.

Le cultivateur doit étudier les bonnes plantes de sa localité afin de connaître les plus productives et les plus recherchées du bétail.

Il aura soin aussi de choisir des plantes dont la maturité se fasse en même temps afin de ne pas avoir pendant la fenaison des herbes sèches et d'autres qui commencent à croître.

On donne le nom de *regain* à la seconde coupe que l'on fait ordinairement en septembre, et qui se traite de la même manière que le foin.

Le regain donné aux vaches laitières et aux bœufs à l'engrais profite beaucoup plus que le foin de première coupe; le contraire a lieu pour les chevaux.

On appelle pâturages permanents, ceux qui restent toujours dans le même état, que l'on ne convertit jamais en terres arables; les pâturages *alternes* sont ceux qui deviennent tour à tour terres cultivées et prairies. Les premiers donnent parfois de grands bénéfices pour l'engraissement des bestiaux; les seconds se conservent tant qu'ils sont en bon état, après quoi on les rompt pour les cultiver.

On doit avoir soin de couper les plantes auxquelles les bestiaux ne touchent pas avant qu'elles ne soit tournées en graines; il faut aussi diviser le pâturage en plusieurs parties afin de donner à l'herbe le temps de repousser. Quand les bestiaux ont trop d'espace il courent beaucoup et gâtent avec les pieds plus d'herbes qu'ils n'en mangent.

Des prairies artificielles.

Les prairies *artificielles* sont une source de richesse pour l'agriculture; on appelle ainsi les terres labourables dans lesquelles on a ensemencé différentes sortes d'herbes propres à la nourriture des bestiaux.

Les plantes les plus généralement employées, sont : le *trèfle commun ou trèfle rouge,* le *trèfle blanc,* le *trèfle incarnat,* la *luzerne,* la *lupuline,* le *sainfoin,* la *spergule,* le *fromental,* la *chicorée-sauvage* et le *chou.*

Le *trèfle commun* est un excellent fourrage, le plus important de tous; on le sème ordinairement dans un seigle ou un froment d'hiver dès les premiers beaux jours de printemps; quelquefois aussi dans du sarrasin et du lin, où il réussit très bien.

Plus un trèfle est beau plus il améliore le sol; au contraire un mauvais trèfle ne donne qu'un mauvais produit et laisse après lui le terrain plus épuisé et plus sale. On ne doit donc le semer que dans un sol favorable. Après cette plante, le blé, l'avoine et les pommes de terres réussissent très bien.

Le foin de trèfle est de première qualité; néanmoins il est plus avantageux de le faire consommer à l'état de fourrage frais. Les feuilles se détachent et se perdent par la dessication, et ce sont elles qui contiennent la plus grande partie de principes nourrissants. 100 kilogr. de trèfle vert n'en donnent que 22 ou 24 kilogrammes de sec.

Une luzerne peut durer de 6 à 20 ans dans un bon terrain, elle peut donner par hectare 7 à 8,000 kilogr. de fourrage sec préférable au trèfle. Cette plante est originaire d'Amérique.

La *lupuline* ou *minette*, proche parente de la luzerne, ne dure que deux ans comme le trèfle;

avec lequel on la mêle souvent. Elle croît facilement dans les terrains pauvres, et comme le trèfle blanc on peut la laisser pâturer sans danger par les bêtes à laine.

Le *sainfoin* est une plante sans égale parmi les fourragères ; elle fournit le meilleur de tous les fourrages, réussit dans les terres graveleuses très-calcaires et sous tous les climats, et fait passer en quelques années les terres à seigle au rang des terres à froment, propriété qu'elle possède seule parmi les plantes de sa nature.

Sa graine se cueille à la main lorsqu'elle est bien mûre. Un hectare peut en produire 10 à 14 hectolitres.

La *spergule* est une plante peu productive, mais elle fournit un excellent fourrage et donne une coupe au bout de deux mois, de sorte qu'on peut dans le même terrain la récolter trois fois dans l'année en commençant en février. Le beurre des vaches qui en sont nourries est de qualité supérieure.

La *chicorée sauvage* est un fourrage très productif recherché des bestiaux. On la sème au printemps quelquefois mêlée au trèfle et au sainfoin. Elle ne se fane pas.

On en cultive une variété pour sa racine qui, séchée, brûlée et moulue remplace en partie le café avec lequel on la mêle souvent. Pour obtenir la graine, on laisse mûrir la deuxième coupe et on la fauche lorsque les têtes s'enlèvent facilement à la main; on la laisse ensuite en andains qu'on retourne jusqu'à ce qu'elle soit sèche. Alors elle est battue et l'on obtient par hectare 3 à 400 kilog., de graine qui se vend de 1 fr. à 1 fr. 50 le kilogr.

Le *tréfle-blanc* est vivace, il s'élève moins que le trèfle commun mais il est plus touffu et il supporte mieux la sécheresse et l'humidité. Les moutons peuvent en manger à discrétion sans craindre qu'il les fasse enfler comme pourraient le faire le trèfle et la luzerne. C'est pourquoi il est ordinairement pâturé.

Quand on le fauche il ne donne qu'une seule coupe.

Le *trèfle incarnat* ou *farouche* vient dans les terrains sablonneux, il est très précoce; on le coupe dans le courant d'avril pour le donner aux bestiaux qui, fatigués de la consommation exclusive de fourrages secs, le mangent avec plaisir.

Son foin est dur et peu nourrissant ; aussi ne le fane-t-on presque jamais.

La *luzerne* résiste aux sécheresses les plus pro longées et repousse à mesure qu'on la fauche, mais elle est assez difficile sur le terrain ; elle demande une terre riche, meuble, profonde, exempte d'humidité. De toutes les fourragères c'est la plus productive ; elle peut donner jusqu'à 12,000 kilogrammes de foin par hectares.

Le *chou.* — On possède une grande variété de ce légume. La plus cultivée en grand pour les bestiaux est le *chou-vache* ou *chou-cavalier*, qui donne un énorme produit très-recherché des animaux.

On sème le chou en pépinière au mois d'août pour le repiquer au plantoir en octobre dans un sol argileux propre et bien fumé ; on le sème encore en mars pour le replanter en mai.

Les feuilles sont récoltées en automne et pendant l'hiver, en commençant par celles du bas jusqu'à ce qu'ils montent en graine, ce qui arrive au printemps de la deuxième année. La tige se donne également aux bestiaux.

Dans les départements formés du Poitou on engraisse les bœufs avec cette plante. Les vaches qui s'en nourrissent donnent un beurre d'une qualité supérieure.

CHAPITRE XI.

Plantes, Racines.

Les produits que fournissent les plantes racines sont de la plus haute importance; ils sont
utiles pour la nourriture de l'homme comme pour
celle des animaux et sont employés dans les arts,
l'industrie et la médecine. Ces plantes peuvent
nous préserver des famines ou des disettes de
fourrages dont les effets funestes tendent, avec
leur aide, à diminuer de jour en jour. Aujour-
d'hui, sauf de rares exceptions, telles qu'une
abondance de fourrages naturels ou artificiels,

les cultivateurs sont les seuls à l'abri de toute inquiétude pour nourrir leur bétail.

Il faut bien le dire cependant, les racines sont loin d'être pourtant d'une culture facile, et la ténacité du sol est souvent un obstacle devant lequel s'arrête la bonne volonté du cultivateur.

Ces plantes permettent, par les cultures qu'elles reçoivent pendant leur croissance, la destruction des mauvaises herbes et servent ainsi de bonne préparation aux récoltes suivantes. Consommées en grande quantité par le bétail, elles augmentent la masse de fumier que l'on peut alors reporter sur des terres à céréales, et le cultivateur ne tarde pas à s'apercevoir de la vérité de ce principe : *que la production des grains n'est pas en raison de l'étendue ensemencée, mais bien en raison de la quantité d'engrais qu'on donne à la terre.*

Lorsque les *plantes-racines* pénètrent bien toutes les parties qui constituent un sol mouvant, elles en augmentent la valeur en lui donnant de la consistance.

Les *plantes-racines* les plus généralement cultivées sont : la *pomme de terre*, la *betterave*, la *carotte*, le *navet* et le *topinambour*.

Il y a différentes espèces de *pommes de terre* ; les plus hâtives sont les *pommes de terre de Saint-Jean* ; les tardives sont les *truffes d'août*; les *violettes*, les *pommes de terre rouges* de Hollande ; enfin les *pommes de terre chardon*.

La pomme de terre est originaire du Pérou ; elle vient néanmoins dans les contrées froides ; tous les terrains lui conviennent, excepté cependant les marais et l'argile compacte. Elles viennent de meilleure qualité dans des terres de sable que dans de grosses terres.

On fume plus fortement les pommes de terre qu'on destine au bétail que celles qu'on réserve pour manger. On doit labourer profondément le terrain avant ou après l'hiver.

Pour le plant, il faut choisir des pommes de terre saines et choisies, les plus grosses peuvent se couper en plusieurs morceaux ; la plantation de pelures d'yeux ou de germes ne donne souvent qu'un faible produit.

Il a été reconnu que la pomme de terre laissée en terre pendant l'hiver après maturité, produit l'année suivante des tubercules sains et magnifiques, ce qui indiquerait que le magasin ne **vaut** rien pour leur conservation, et qu'il vaut mieux les planter en automne.

En effet, la pomme de terre entre en végétation aussitôt qu'elle est mûre ; au lieu de la planter de suite ainsi que le bon sens le voudrait, on la plante au mois d'avril, lorsqu'elle est déjà épuisée par une végétation inutile, de sorte qu'au lieu de passer un an en terre, comme elle le devrait, elle n'y *passe réellement* que cinq ou six mois.

On doit choisir un sol qui ne soit ni compacte ni humide, planter des pommes de terre entières, les choisir très saine, provenant, si cela se peut, d'une plantation d'automne.

Enfin on doit, pour éviter les gelées, planter à trente centimètres de profondeur ; la pomme de terre pousse de bonne heure et peut mûrir avant que la maladie s'annonce sur les tiges de celles qui ont été plantées au printemps.

Afin de prévenir la maladie des pommes de terre, on a encore recommandé de couper les fanes dès que la maladie se déclare sur les feuilles ou mieux encore un peu avant ; cette opération diminue de beaucoup l'intensité de la maladie mais ne la détruit pas ; ce moyen n'est cependans pas à négliger.

Les pommes de terre servent à faire de l'eau-de-vie et de la fécule ; elles sont mangées par toute espèce de bétail ; mais il est préférable de les donner cuites, elles sont alors plus nourrissantes.

Dans les bons terrains et quand elles ont été épargnées par la maladie, les pommes de terre peuvent fournir deux cent cinquante hectolitres par hectare, mais un rendement de deux cents hectolitres est facile à obtenir quand la maladie a été combattue avec succès.

La culture de la *betterave* a acquis une grande importance tant pour la nourriture des bestiaux que pour la fabrication du sucre et des alcools. Cette plante réussit très bien en France, car elle supporte la sécheresse, et les gelées lui font peu de tort.

Les espèces les plus cultivées sont : la *rose* et la *blanche* de *Sibérie*, la *jaune* et la *blanche* de *Castelnaudary*, la *betterave commune à sucre*. La richesse de ces variétés varie de 15 à 20 pour cent de leur poids suivant la nature du sol, le climat et l'exposition. Une betterave peut cependant passer pour bonne quand elle donne douze pour cent de son poids en sucre.

On peut récolter quarante à cinquante et même soixante mille kilogr. de betterave sur un hectare de bonne terre.

La plupart des fabricants de sucre de betterave savent fort bien profiter des circonstances dans lesquelles ils se trouvent placés pour l'écoulement de leurs résidus. Ils ont inventé d'admirables procédés pour les utiliser en les associant aux autres substances nutritives afin de retirer le plus possible en viande, laine, lait et engrais.

Son sucre indigène est une des créations les plus utiles de notre siècle. Au point de vue de l'agriculture, les avantages de sa fabrication sont des plus importants : la culture de la betterave nettoie et approfondit la couche *arable*, elle dispose parfaitement la terre pour les autres cultures; enfin comme les résidus sont employés à la nourriture des bestiaux, elle améliore le sol au lieu de l'épuiser, attendu que les principes qui peuvent contribuer à fertiliser la terre y retournent presque entièrement.

20.

Fabrication du sucre.

—

Pour fabriquer le sucre on réduit en pulpes les betteraves bien nettoyées à l'aide d'une rape en forme de cylindre. Cette pulpe, à mesure qu'elle est produite est immédiatement soumise à la presse pour en extraire le jus. A cet effet on l'enferme dans des sacs d'étoffe de laine en séparant chaque sac par une claie ou plaque de tôle percée de trous.

Le jus est ensuite versé dans de grands vases de cuivre étamé pour être soumis à la défécation, opération qui a pour but de le débarrasser de toutes les matières étrangères telles que les acides, l'albumine, la gomme, les matières grasses et colorantes, etc., de manière à ne laisser que de l'eau et du sucre. On obtient ce résultat à l'aide de la chaux qui entraîne toutes ces substances sous la forme d'écume, parce que ces composés avec ces mêmes substances sont tous *insolubles* dans l'eau.

La défécation étant terminée, le jus encore chaud, est filtré à travers du noir animal dont on a empli de grands vases cylindriques en tôle galvanisée munis d'un double fond percé de trous. L'eau contenue dans le jus commence à s'échapper la première parce qu'elle est moins dense ; cette eau une fois jetée, on laisse couler le jus dans un appareil où il doit être soumis à l'évaporation et où il doit former ce que l'on appelle la *clairce*.

Cette clairce est ensuite versée dans des moules de forme cônique où la cristallisation s'opère au bout de 24 ou 36 heures. On transporte les pains dans un local maintenu à une température de 28 à 30 degrés et on les laisse s'égoûter pendant douze ou quinze heures. La *mélasse* est recueillie dans un réservoir.

Le sucre doit être ensuite raffiné. A cet effet, il est écrasé afin qu'il puisse se fondre facilement, on le met dans une chaudière, avec une certaine quantité de sang mélangé d'eau. Quand le sirop ainsi mélangé a reçu quelques bouillons on le mêle à un volume de noir animal égal au sien, puis on le coule dans des filtres également chargés de noir animal. Le filtrage se fait exactement comme celui des sirops de sucre. Quand le sirop est suffisamment concentré, on le verse dans des cuves pour le mettre en formes aussitôt qu'il commence à se cristalliser.

Il ne reste plus qu'à *lâcher* les pains, c'est-à-dire à les retirer des formes, puis à les *coiffer*, c'est-à-dire les couvrir aux deux tiers de leur hauteur d'un cornet de papier bleu, et enfin à les *étuver*, opération qui consiste à tenir le sucre pendant six jours dans une chambre dont la température est graduellement augmentée.

Les mélasses résultant du raffinage fournissent un alcool fin d'un placement facile et avantageux.

❦

Alcools.

On extrait les *alcools* par la distillation des grains, des vins, des pommes de terre et des betteraves.

La distillation repose sur ce seul principe ; si dans un liquide quelconque il se trouve des parties plus volatiles que les autres, c'est-à-dire qui se dissipent bien plus difficilement en l'air par l'action du feu, et si l'on chauffe ce liquide par degré, les parties les plus volatiles s'évaporent les premières et peuvent être recueillies séparément.

Ainsi le vin contient de l'eau et de l'alcool; si on le fait vaporiser, l'alcool se sépare du vin et passe le premier.

On distille le froment, le seigle, l'orge, l'avoine et le maïs; après avoir fait *malter* ces grains, opération qui consiste à les faire germer, puis à arrêter la végétation en les faisant sécher rapidement.

L'eau-de-vie de pomme de terre s'obtient en délayant la pulpe dans une certaine quantité d'eau chaude, et en y ajoutant environ douze pour cent de son poids d'orge maltée et broyée.

Pour obtenir de l'alcool avec les betteraves, on rape les racines après les avoir bien lavées, puis on les soumet à la presse pour extraire le jus auquel on ajoute de la levure de bière pour aider à la fermentation.

Le Topinambour.

Le topinambour peut être cultivé avec succès dans tous les sols ; il ne demande pas de fumier, et une fois qu'il s'est emparé d'un terrain, on l'en débarrasse difficilement.

Les frais de culture de ce tubercule sont insignifiants ; ses feullles et ses jeunes pousses donnent un fourrage excellent. On peut les couper plusieurs fois.

Il existe peu de plantes pour rendre autant de services que le topinambour, qui peut donner dans des terrains peu fertiles de 8 à 10,000 kil. par hectare sans compter les feuilles et les tiges que l'on peut utiliser comme fourrages.

Le Navet.

Les navets prospèrent dans des terres légères, siliceuses, peu fertiles ; on peut les semer à la suite d'une céréale d'hiver. On doit avoir soin de ne pas les laisser exposés à la gelée, car alors les animaux qui en mangeraient seraient exposés à la diarrhée.

Les meilleures espèces sont : le navet d'Auvergne, le navet rond, le rond de Hollande, la rave longue, le navet rose du Palatinat.

CHAPITRE XII.

Plantes et animaux nuisibles à l'agriculture.

Les céréales sont sujettes à certaines maladies occasionnées par la croissance sur leurs tissus de végétaux parasites; ainsi les froments, les seigles et les orges, pendant qu'ils sont encore verts, sont attaqués par une espèce de champignon qui les fait jaunir. Plus tard les épis à leur tour peuvent être atteints du *charbon*, de la *carie* et de l'*ergot*. Nous avons donné les moyens de les en garantir par le *chaulage*.

La vigne est aussi attaquée par un champignon du genre oïdium, qui lui cause le plus grand dommage : heureusement on a trouvé à cette maladie un remède consistant dans l'emploi de la fleur de soufre répandue à l'aide de soufflets sur les feuilles de la vigne encore humide de la rosée du matin. Ce moyen est d'une efficacité certaine, on a ainsi préservé des vignobles d'une grande étendue.

Beaucoup de plantes sont nuisibles aux prairies, il faut s'attacher à les connaître pour les détruire. Telles sont les *laiches*, les *roseaux*, le *calchique*, les *renoncules*, la *ciguë*, que l'on est souvent obligé d'arracher pour s'en débarrasser, mais qui disparaissent parfois d'elles-mêmes sous l'influence du drainage.

Parmi les animaux nuisibles à l'agriculture on a généralement classé en première ligne la *taupe* dont la destruction a donné naissance dans certains pays à l'industrie des taupiers, qui leur font une chasse acharnée à l'aide de fers ou piéges à taupes.

Avec un peu d'observations il est facile à comprendre que cette destruction est l'effet d'un préjugé qu'il est utile de combattre.

En effet, la taupe ne se nourrit que de rats, de musaraignes, de campagnols, de surmulots, **tous** ennemis nés des produits agricoles, sans compter les larves de hannetons et une foule d'autres insectes aussi nuisibles dont elle fait une prodigieuse consommation ; sous ce rapport elle rend donc d'immenses services. Elle ne mange ni herbes ni racines ; les dégâts qu'elle peut causer par les taupinières sont insignifiants et peuvent souvent se réparer surtout pour les prairies. On peut tout au plus lui reprocher de faire du tort au lin et au chanvre, dont elle soulève les racines en creusent les galeries, mais à cela près la taupe peut être considérée comme un animal utile.

Le cultivateur doit s'attacher surtout à préserver ses champs et ses récoltes des innombrables insectes qui les dévorent et parmi lesquels nous citerons le charançon, l'alucite, la teigne des blés, la tipule, qui s'attaquent aux céréales ; le hanneton, l'altisse, les pucerons et les chenilles qui dévorent les racines ou les tiges des végétaux ; la pyrale, l'eumolpe, le rynchite, le cochylès, ennemis de la vigne.

On peut ajouter encore la courtillière, la fourmi, la guêpe, la bruche, le forticule ou perce-oreille dont les ravages se font surtout sentir dans les vergers et les jardins.

Parmi les oiseaux on ne doit détruire que ceux qui se nourrissent de grains, tels sont les moineaux, la grive, le bouvreuil, les pigeons ramiers et les tourterelles ; les autres doivent être respectés et ménagés. On voit souvent des nuées de petits oiseaux s'abattre sur les champs de céréales, non pour y manger du grain, mais pour y dévorer des insectes; les cultivateurs envoient des coups de fusils à ces oiseaux, les prenant pour des déprédateurs; ils se trompent car, au contraire, ils rendent un important service en détruisant un ennemi dangereux par la rapidité de sa production.

La fauvette, la mésange, l'hirondelle, le rossignol, le merle, le roitelet, les pics-verts, le geai, ne se nourrissent que d'insectes, et pour cette raison on ne doit jamais détruire les nids de ces oiseaux.

TROISIÈME PARTIE.

CHAPITRE Ier.

De l'Economie rurale.

L'économie rurale est une science généralement peu connue. On la confond souvent avec l'agriculture proprement dite, et cependant il existe entre elles une différence essentielle et bien tranchée.

L'économie rurale embrasse dans son domaine un ordre d'idées plus élevé. Pour bien produire il ne suffit pas à l'agriculteur de posséder parfaitement les méthodes les plus certaines de productions, il ne lui suffit même pas d'avoir acquis avec les années, l'expérience de la partie matérielle de son art, il faut encore, il faut surtout, qu'il sache se rendre compte des circonstances économiques au milieu desquelles il se trouve placé; l'abondance et la bonté des capitaux et de la main-d'œuvre, l'étendue ou le manque de débouché, la perfection en l'imperfection des voies de communication et des moyens de transports, la nature du commerce, l'aisance ou la misère des populations agricoles et d'autres circonstances de ce genre, indépendantes des actes et de la volonté du cultivateur n'en exercent pas moins en lui une influence immense qu'il doit savoir apprécier et dont il ne doit jamais oublier de tenir compte.

Il faut enfin que l'agriculteur connaisse la nature de l'importance des capitaux qui constituent une exploitation rurale et les rapports qui doivent exister entr'eux afin d'en faire un emploi convenable et raisonné. En un seul mot, la science de l'administration de la ferme est tout aussi indispensable au cultivateur que la science de la production.

L'économie rurale ou l'art d'administrer le domaine rural a précisément mission d'étudier toutes ces choses et de donner ainsi aux cultivateurs le moyen d'apprécier matériellement et moralement les résultats de ses générations culturales.

L'agriculteur peut bien apprendre au cultivateur à produire, mais l'économie rurale seule peut lui apprendre à produire utilement. L'économie rurale est donc l'étude de différents rapports existant entre les éléments variés qui constituent une exploitation agricole; c'est la recherche et l'étude des capitaux qu'on y rencontre dans diverses formes, engrais bestiaux, fourrages, mobilier, outils, instruments et machines. C'est enfin des principes propres à guider le cultivateur dans les opérations délicates et complexes que nécessite son industrie.

La nature et l'étendue de cet ouvrage ne nous permettent pas d'entreprendre de longs développements. Nous traiterons seulement les points essentiels, dont toute personne qui entreprend la culture doit s'inquiéter.

Le choix d'un système de culture, le mode de faire valoir, et les assolements.

Le cultivateur est rarement libre de choisir le système de culture et le mode de faire valoir qui lui conviendraient le mieux. Ce choix lui est imposé le plus souvent par des circonstances impérieuses dont il ne saurait s'affranchir sans danger. Il faut donc avant tout, qu'il connaisse ces circonstances et en sache apprécier toute la gravité.

Grande, petite et moyenne culture.

Dans l'origine, l'industrie rurale était extrêmement simple et présentait partout à peu près les mêmes caractères.

Mais à mesure que les populations se sont groupées pour former des nations distinctes, des exigences nouvelles, des besoins nouveaux se sont révélés et l'agriculture a dû se transformer et revêtir successivement différentes formes.

Parmi ces formes, il en est trois qui méritent notre attention. Nous voulons parler de la grande, de la petite et de la moyenne culture.

On entend par grande culture celle dans laquelle le propriétaire ne met pas lui-même la main à l'œuvre et s'occupe uniquement de la direction de son exploitation.

La moyenne et la petit culture sont celles dans lesquelles le cultivateur met, ou doit mettre lui-même la main à l'œuvre et participer à tous les travaux, avec cette différence toutefois que dans la moyenne culture, il est obligé de s'associer des ouvriers étrangers à sa famille, tandis que dans la petite culture, il suffit aux travaux de son domaine.

Nous allons examiner avec plus de détails, chacune de ces trois formes de culture.

De la petite culture.

—

Dans la moyenne ou la petite culture, le même homme doit faire à peu de choses près, tous les genres de travaux, labourer, semer, battre au fléau, faucher, soigner les animaux, etc. Dès lors, il ne peut se perfectionner en rien, parce qu'il ne fait aucun genre de travail assez long-temps de suite.

Enfin, il perd beaucoup plus de temps qu'on ne serait tenté de le croire en passant continuellement d'un travail à un autre et en changeant d'outils et d'ateliers souvent plusieurs fois dans la même journée.

Mais un des avantages attachés à la petite culture, c'est de faire intervenir constamment dans le travail, des ouvriers intéressés à sa bonne exécution et à sa rapidité, car le cultivateur suffit seul avec sa famille aux travaux de la ferme.

C'est là un avantage incontestable et que la

grande culture ne possède pas; mais il en existe un autre bien reconnu.

Grâce au nombre plus considérable de travailleurs réunis sur une surface donnée de terrain, et à la constance plus opiniâtre du travail, le sol donne plus de produits.

Les pays de petite culture se distinguent en effet par l'abondance, la variété et la non-interruption des denrées de consommation qu'elles produisent et par la nombreuse population que ces ressources lui permettent de nourrir sur une certaine surface de terrain.

Il suffit de jeter les yeux sur les campagnes de l'Alsace et de la Flandre et sur les plaines de la Lombardie pour se convaincre que les pays de petite culture sont remarquablement peuplés.

Mais si la petite culture peut alimenter une nombreuse population agricole, elle ne le peut qu'à une condition c'est d'employer tous les bras et de consommer tout ce qu'elle produit.

Si donc tout le territoire d'un état pouvait être divisé à tel point que chaque famille pût subsister sur son propre fonds, il en résulterait que les populations industrielles, agglomérées dans les

villes, seraient exposées à des famines continuelles.

Et alors tout le monde étant obligé de cultiver
la terre, les industries manufacturières et commerciales cesseraient de se développer, on ne pourrait plus se livrer aux arts, aux sciences, ni aux
occupations qui sont le partage des classes élevées de la société.

De la grande culture.

Le premier des avantages que présente la
grande culture, c'est de permettre la division du
travail.

Un célèbre économiste écossais, Adam Smith,
regrette que la division du travail ne puisse pas
s'appliquer à l'industrie agricole avec la même
facilité et le même succès qu'aux manufactures
proprement dites, et il attribue à cette cause

l'infériorité de l'industrie rurale sur les autres industries.

Or, ce qui peut surtout faciliter l'introduction de la division du travail dans l'agriculture, c'est sans contredit l'adoption de la grande culture soutenue par un capital suffisant.

En effet, dans une vaste exploitation bien administrée, il y a toute l'année des labours et des charrois à faire ; on peut donc avoir des charretiers uniquement occupés de la conduite des attelages.

Comme les semailles sont très multipliées et très importantes, on peut avoir également des semeurs.

Enfin, on peut confier à des ouvriers de choix, le soin des étables, des greniers à foin et à blé, la garde des animaux, — la laiterie — la préparation des fumiers, etc.

Dès lors la besogne de chacun se fait avec plus de perfection et de promptitude ; il y a peu de temps à perdre en changeant d'ouvrage parce que la besogne est assez longue pour occuper l'ouvrier plusieurs jours de suite.

La grande culture permet également l'introduction des machines pour substituer des forces plus puissantes à la force bornée de l'homme.

La machine à battre, par exemple, y remplace avantageusement le fléau, la faucheuse est substitée à la faux, etc.

Enfin, l'agriculteur ne doit pas seulement être cultivateur, il faut encore qu'il sache placer avantageusement ses denrées, qu'il soit un peu négociant; et les achats et les ventes dans une grande culture, ont assez d'importance pour le mettre en rapport direct avec les meilleures négociants et lui faire obtenir les meilleurs prix.

C'est à la grande culture que l'on doit l'agglomération de la population dans les villes, le développement de l'instruction ainsi que les progrès toujours croissants de l'industrie manufacturière et commerciale qui n'ont pu être créées que parce que la grande culture a permis à la population de se livrer à des travaux autres que ceux des champs sans crainte de manquer de subsistance.

La grande culture a donc une importance réelle; mais mal pourvue de capitaux et privée de moyens d'actions suffisants, ses avantages n'existent plus.

Si l'on voit encore en France et dans beaucoup d'autres contrées de l'Europe de vastes exploitations, mal cultivées, mal tenues et couvertes de mauvaises herbes; un bétail insuffisant et maigre; des produits rares et faibles, c'est surtout parce que les grands cultivateurs manquent d'argent.

Et c'est pour cela aussi que malgré la supériorité incontestable de la grande culture, on voit tous les jours des cultivateurs, poussés par une ambition mal entendue, trouver leur ruine dans un domaine de grande culture qu'ils cultivent mal, au lieu de tirer un produit raisonnable d'un domaine de moyenne ou de petite culture proportionné à leurs ressources pécuniaires.

De la moyenne culture.

—

La moyenne culture est une forme mixte qui tient le milieu entre la petite et la grande, et leur emprunte tour à tour ou simultanément les procédés qui lui sont propres en participant également aux avantages et aux inconvénients de l'une et de l'autre.

En effet, ce n'est pas de la grande culture puisque le cultivateur est obligé de mettre lui-même la main à l'œuvre; ce n'est pas non plus de la petite culture, puisque son travail et celui de sa famille ne suffisent pas à l'exploitation du sol et qu'il doit avoir recours à des ouvriers salariés.

La moyenne culture est une immense ressource pour les contrées où la division du travail introduite dans la culture et la grande fabrication a remplacé en grande partie les bras des ouvriers par des machines; elle parvient alors à occuper ceux-ci, quand ils sont contraints de se réfugier en trop grand nombre auprès de la petite fabrication et de la petite culture qui ne peuvent s'étendre pour leur procurer une quantité suffisante d'ouvrage et de salaire assez élevé.

Si la moyenne culture ne présente pas tous les avantages de la grande culture, elle n'a pas non plus tous les inconvénients de la petite. On pourrait à la rigueur ne pas en tenir compte et les mettre au rang de la grande et de la petite culture, lorsqu'elles paraîtront davantage se rapprocher de l'une ou de l'autre.

Si maintenant on nous demandait quelle est de ces trois formes de culture, la plus avantageuse, il nous serait assez difficile de répondre d'une manière absolue. Nous sommes convaincus d'ailleurs que quand même on parviendrait à la résoudre de la manière la plus satisfaisante, on n'en retirerait que très peu de fruit, car l'adoption de l'une quelconque de ces trois formes de culture est rarement au choix du cultivateur, mais dépend le plus souvent de certaines circonstances économiques qui dominent la volonté la mieux arrêtée et auxquelles on ne peut que se soumettre si l'on ne veut pas se ruiner.

Ainsi dans une localité où la terre est chère et la main-d'œuvre à bon marché, il est important de faire produire le plus possible à un hectare de terre, dût-on consacrer pour cela une plus grande quantité de travail; tandis que dans les contrées où la main-d'œuvre est proportionnellement plus chère que la terre, il est préférable pour obtenir la même quantité de produit, d'employer un plus grand nombre d'hectares et moins de travail.

Or, comme la petite culture nécessite proportionnellement plus de travail par hectare que la grande culture, il faut dans le premier cas la petite culture, et dans le second cas préférer la grande.

C'est surtout la richesse des pays et l'importance des capitaux dont on peut disposer qu'il faut considérer lorsqu'il s'agit de faire un choix entre la grande, la petite et la moyenne culture. Quand le cultivateur est aisé il peut consacrer une partie de son capital disponible à l'achat de plus de bétail, d'instruments et de machines; il peut avoir un plus grand nombre de domestiques et par conséquent faire exécuter par d'autres bras que le siens, les travaux de l'exploitation. Il peu donc adopter sans crainte la grande culture. Si, au contraire, le cultivateur n'a d'autres capitaux que ses bras et son travail, c'est le cas de faire choix de la petite culture.

Pour un cultivateur, la meilleure forme à donner à sa culture est celle qui, après un examen sérieux, lui paraîtra le plus en rapport avec les richesses et le genre de production de la rentrée et s'adaptera le mieux à la proportion entre la population agricole et la population industrielle. Pour un pays, la meilleure constitution de la culture serait celle qui combinerait le mieux la la grande la moyenne et la petite culture et les réunirait toutes sur le même sol; la grande, pour l'alimentation des populations urbaines et la production des matières premières nécessaires à l'industrie et aux arts, la moyenne culture, pour attirer à elle le bras des ouvriers désœuvrés et leur procurer un travail utile; enfin la la petite culture pour augmenter les ressources de l'ouvrier qui travaille sur le domaine d'autrui et auquel la possession d'un coin de terre permet d'utiliser ses loisirs, mais surtout pour la production d'une foule de denrées, que la grande culture ne saurait produire avantageusement et qui contribuerait cependant puissamment à la la bonne alimentation de grands centres de population.

CHAPITRE III.

Mode de faire valoir.

—

Le mode de faire valoir est la manière d'exploiter le sol est d'un tiers des revenus. Celui qui se rend propriétaire d'un domaine a pour but en effet de tirer du sol, des produit à l'usage de l'homme ayant une valeur échangeable susceptible de lui procurer un revenu.

Ce but peut-être atteint de différentes manières; ainsi le propriétaire peut exploiter ou cultiver lui-même son domaine; il peut le faire valoir par un régisseur, ou maître-valet ou bien enfin le donner en fermage ou en métayage. Le mode de faire valoir est donc très-variable. On en distingue plusieurs sortes; le faire-valoir direct, le faire valoir par régisseur ou maître-valet le faire valoir par fermage ou métayage.

Leur étude est d'une haute importance pour le cultivateur, car le succès d'une exploitation agricole dépend très-souvent de la manière dont le faire-valoir a été entendu par celui qui la dirige. Il importe aussi à la prospérité générale du pays que l'on connaisse bien quels sont les avantages et les inconvénients respectifs de chaque mode de faire-valoir par rapport à la richesse publique; nous donnerons donc à ce sujet d'assez longs développements.

Le faire-valoir direct, c'est-à-dire le mode d'exploitation dans lequel le propriétaire cultive lui-même directement son domaine, a été incontestablement le premier de tous. Dans les premiers temps de l'organisation des sociétés, les propriétaires étaient tous cultivateurs, chacun faisait valoir directement son troupeau et la terre sur laquelle il s'établissait à l'aide de sa famille et de quelques hommes qui venaient se joindre à eux. C'étaient en grande partie des prisonniers faits à la guerre par les pères de familles qui les avaient épargnés pour en faire ses esclaves, et qui conservait sur eux le droit de vie et de mort.

A cette époque, la culture de la terre était regardée comme la plus honorable de toutes les professions manuelles et la seule qui pût être exercée par des hommes libres. Le citoyen romain qui eût cru, dans son orgueil, indigne de lui de manier le rabot du menuisier ou la truelle du maçon, ne dédaignait pas de mettre la main à la charrue, et Cincinnatus labourait son champ, lorsque les envoyés du Sénat de Rome vinrent lui confier, dans des circonstances difficiles, avec la dignité de dictateur, la mission suprême de sauveur de la patrie.

Mais quand le travail d'organisation des sociétés fut plus avancé et que, sous l'influence de besoins nouveaux, les industries manufacturières et commerciales cessèrent en se dévoloppant, de se confondre avec l'industrie rurale; quand les membres d'une nation se partageant les rôles, les uns furent chargés de l'administration publique, les autres de la défense du territoire, ceux-ci de rendre la justice, ceux-là de diriger le commerce et l'industrie; on comprend que l'on dût dès lors renoncer en partie à l'exploitation par faire-valoir direct. Les occupations incessantes des magistrats, des guerriers, des commerçants, des industriels, les détournaient de l'administration personnelle de leurs domaines, et ils se virent obligés de chercher un système qui remplaçât l'exploitation directe devenue impossible.

Les propriétaires qui ne pouvaient résider dans leurs domaines les firent cultiver par des esclaves, des affranchis ou même des colons dont ils louaient les services pour faire valoir leurs terres. Ce fut là l'exploitation par régie.

Mais ce mode de faire valoir n'ôtait pas aux propriétaires tous les soins, tous les soucis. Il fallait qu'ils s'occupassent encore activement de l'administration de leurs domaines et de la haute direction des cultures; sinon la terre mal cultivée s'épuisait et ne produisait pas; les bestiaux mal soignés périssaient et ne donnaient que de faibles revenus. Aussi, quand par suite de l'accroissement des richesses d'une nation et de l'agrandissement de son territoire, les domaines devinrent plus vastes et plus éloignés des grandes villes, l'exploitation par régie devint insuffisante à son tour et il fallut avoir recours au fermage. Les propriétaires se mirent à la recherche d'hommes libres dans le but de leurs confier la culture de leurs terres moyennant le paiement d'une rente ou redevance, soit en nature, soit le plus souvent en argent, soit quelquefois en corvées. Autrefois, et surtout pendant toute la durée du régime féodal, les relations entre les propriétaires et les fermiers étaient presque purement militaires.

La principale occupation du propriétaire d'un domaine était la guerre, et ceux qui tenaient des terres de lui étaient des soldats assujettis sous sous ses ordres au service militaire, qui ne payaient presque aucune rente en argent, mais qui étaient tenus de rendre quelques services personnels et à livrer une certaine quantité de denrées en nature pour les besoins de la famille du maître.

Mais le caractère le plus général du fermage, et celui qui a prévalu, c'est que le propriétaire reste maître de son domaine, qu'il se contente de louer pour un certain nombre d'années à des hommes habiles, honnêtes et industrieux, qui possèdent un capital, sous la condition de lui rendre annuellement une part déterminée des produits convertis en argent.

Dans ce système de faire valoir, plus le fermier savait tirer parti du domaine affermé, plus ses profits étaient considérables ; son propre intérêt l'engageait donc à bien cultiver, et le propriétaire se trouvait déchargé de tous soins relatifs à la direction ou à la surveillance de l'exploitation.

Toutefois ce mode de faire valoir avait aussi ses inconvénients. Pour exploiter le sol d'une manière productive, il faut des bras, des animaux, des bâtiments, des outils, des machines, et pour se procurer toutes ces choses il faut des capitaux. Or, il n'était pas toujours facile de trouver des tenanciers à la fois habiles, honnètes et possesseurs d'un capital suffisant. Dès lors, les propriétaires se trouvaient obligés de monter l'exploitation à leurs frais, et ils retombaient alors dans l'inconvénient qu'ils avaient voulu éviter.

Il en résulta que beaucoup de propriétaires, pour éviter ces inconvénients, se rejetèrent sur le metayage; sur le mode de faire valoir qui consiste dans une sorte d'association assez étroite et de partage en nature des produits entre le propriétaire du fonds et le métayage.

Ces divers modes de faire valoir se sont répartis et conservés dans différentes contrées. Ainsi dans le Nord de l'Europe, dans la majeure partie de la Russie et de l'Allemagne, le faire valoir direct ou par régie au moyen de serfs, de corvéable ou de serviteurs s'est généralement maintenu ; le mode de faire valoir par fermage a prévalu en Angleterre, dans une partie de la France, et en Belgique et généralement dans la contrée la plus avancée de l'Ouest et du centre de l'Europe. Le métayage enfin est en pratique dans les contrées méridionales de l'Europe, en Italie, en Espagne, et dans la majeure partie des départements de l'Ouest, du Sud, de l'Est et du Centre de la France.

Nous allons examiner les avantages et les inconvénients respectifs de chacun de ces modes de faire valoir, et signaler en même temps les circonstances économiques qui peuvent et doivent déterminer l'agriculteur à donner la préférence à l'un plutôt qu'à l'autre.

1. *Faire valoir direct.*

—

Le faire valoir direct est le mode d'exploitation qui nous paraît réunir le plus d'avantages, c'est celui qui sert le mieux les intérêts du propriétaire et ceux du pays. La raison en est simple. Si le propriétaire exploitant par lui-même est intéressé à faire produire, le plus possible à sa terre, il est également intéressé à ne pas l'épuiser de manière à se ménager des ressources pour l'avenir. Les capitaux qu'il consacre à des améliorations foncières, ne sont pas des capitaux perdus pour lui ; car plus son domaine s'améliore, plus ses revenus s'accroissent et plus sa fortune s'agrandit.

Un fermier, au contraire, s'imagine facilement que tout ce qu'il dépense en améliorations foncières sur sa ferme augmente la fortune du propriétaire et diminue la sienne, parce qu'il sait parfaitement que son bail une fois expiré, le propriétaire peut augmenter son fermage ou affermir son domaine à un autre de manière à le priver du bénéfice de ses améliorations ; enfin, lorsque le fermier n'est pas honnête, la soif du gain l'excite soit à négliger, soit à épuiser la terre dont il se propose de cesser prochainement l'occupation.

Les richesses agricoles d'un pays où le mode de faire valoir direct serait généralement adopté, iraient en s'accroissant chaque année et la prospérité générale grandirait dans la même proportion.

Lorsque les propriétaires fonciers passent à la ville la plus grande partie de l'année, et ne se décident à aller habiter dans leurs terres pendant la belle saison, que pour y faire des économies qui leur permettent de passer la saison de l'hiver dans les villes, au milieu du luxe et des plaisirs, il résulte de cette habitude un double inconvénient ; d'abord ils détournent ainsi des champs la plus grande partie des capitaux qui en proviennent et qui devraient être consacrés à l'agriculture.

Ensuite les dépenses qu'ils font dans les villes font hausser les salaires des ouvriers de certaines industries privilégiées et augmenter par l'appât du gain la population ouvrière des villes au détriment de celle de la campagne. On imprime ainsi au travail national une mauvaise direction. On attire dans les villes les bras et les capitaux pour les y consacrer à des opérations généralement improductivesou dont l'utilité est toute locale, et on prive l'agriculture des capitaux et des bras qui la rendraient prospère et accroîteraient le bien-être universel.

Une des causes de la misère de l'Irlande, c'est précisément *l'absentéisme*, c'est-à-dire l'éloignement de leurs domaines, des grands propriétaires fonciers qui vont dépenser leurs revenus en Angleterre ou sur le continent et privent ainsi leur pays des ressources qui soulageraient sa misère en alimentant le travail, car le capital est au travail ce que l'huile est à la lampe; privez de l'huile une lampe, elle s'éteindra; privez de capital le travail, et le travail deviendra impossible.

Toutefois, il faut reconnaître que l'exploitation directe par le propriétaire exige plus que tout autre mode une grande accumulation de capitaux dans la même main puisqu'il faut qu'il fournisse tout : capital foncier, — capital mobilier, — capital d'exploitation, — capital intellectuel, etc. Et s'il ne les possède pas tous en quantité suffisante, loin de prospérer, il verra d'année en année ses revenus diminuer avec les produits de son domaine, et, s'il ne se hâte de l'affermer et de le mettre entre des mains plus habiles ou plus riches, ils ne tardera pas à voir sa ruine complète.

Ce mode d'exploitation ne convient donc qu'aux hommes qui joignent à des connaissances en culture la possession d'une certaine fortune. Ce n'est pas même assez; il faut aussi à ces hommes une grande simplicité de mœurs et un goût véritable pour la voie champêtre et ce qui est plus difficile, il faut qu'ils aiment à se donner ces mœurs, qu'ils inspirent ce goût à toute leur famille.

Si nous examinions maintenant le faire valoir direct entre les mains, non plus du grand propriétaire, mais du propriétaire cultivateur, obligé de travailler de ses propres mains le petit domaine qui le fait vivre lui et sa famille, nous y trouverons un nouvel inconvénient; sans doute la culture peut être dans de pareilles conditions poussée à un degré de perfection supérieure à celui des fermes voisines; malheureusement·

propriétaire s'abandonne trop souvent à la passion d'agrandir son domaine. Il achète de la terre à tout prix, et plutôt que de manquer une occasion, il ne craint pas de pousser les achats au-dessus du capital qu'il possède. Il compte sur les bonnes années pour solder le prix d'achat.

Mais ces bonnes années ne viennent pas ou se font attendre, et l'usure vient dépouiller celui qui a voulu trop avoir.

L'amour de la propriété poussé à l'extrême vient donc très souvent contrebalancer tous les avantages du faire valoir direct.

Ce mode d'exploitation convient surtout aux pays pauvres où le peu de capitaux qui circule est concentré dans les mains de quelques grands propriétaires. Là où les industries commerciales et manufacturières sont peu développées, il ne peut guère en être autrement.

Le faire valoir direct convient également mieux à de certaines terres qu'à d'autres. Ainsi les fermiers cherchent ordinairement vers la fin de leur bail à épuiser les terres qui leur ont été confiées soit en ne leur donnant que des fumures insuffisantes, et en les consacrant à des terres à eux ou en vendant le reste de leur fumier, soit en demandant au sol plus de produit et surtout plus de grains de vente qu'il ne peut en fournir. Il faut donc autant que possible, soustraire à ces manœuvres déloyales les terres qui, malgré leur grande richesse, peuvent être facilement épuisées.

Quant aux terres fortes, argileuses, qui retiennent longtemps les engrais et qui s'épuisent difficilement, ce sont celles-là surtout que l'on peut donner à ferme avec moins de danger que la première parce que la cupidité du fermier leur fera moins de mal, et que le propriétaire, s'il s'aperçoit de quelque chose pourra toujours intervenir à temps.

2. *Faire valoir par régisseur ou par maître valet.*

Le mode de faire valoir par régisseur ou par maître-valet, est celui dans lequel le propriétaire se réserve la haute direction de son domaine, et se fait aider par des employés à gages qu'il charge spécialement de détails.

Généralement le régisseur administre et ne travaille pas annuellement. Il n'apporte dans l'industrie rurale que son intelligence, son savoir faire et l'activité nécessaire pour s'acquitter de la direction qui lui est confiée. C'est en lui que se personnifie le capital intellectuel nécessaire à son entreprise agricole.

C'est ce caractère que l'on remarque dans la plupart des régisseurs de l'Allemagne et de l'Italie, où ce mode de faire valoir est assez commun.

Mais il est aussi une classe de régisseurs qui n'a rien de commun avec celle dont nous venons de parler. On donne en effet, souvent mal à propos, le nom de régisseur à des hommes qui ne se distinguent des ouvriers auxquels ils doivent commander que par un peu plus d'intelligence, et l'autorité dont ils sont investis; ces régisseurs mettent eux-mêmes la main à l'œuvre, ils ne savent que suivre aveuglément la route qui leur est tracée, ou pratiquer machinalement le système de culture en usage dans la contrée qu'ils habitent; ils ne s'en écartent jamais.

Généralement ces sortes d'agents surveillent

certaines branches spéciales de l'exploitation telles que la bergerie, la vacherie, la laiterie, ou dirigent en sous-œuvre, des métairies séparées, quoique soumises à la même direction supérieure.

Il importe donc de distinger le mode de faire valoir par maître-valet du mode de faire valoir par régisseur proprement dit. Quand l'exploitation est vaste et présente une grande complexité d'exploitation, un régisseur est indispensable; quand le domaine est plus restreint et la culture plus simple un maître-valet suffit, dans les domaines soumis à la grande culture et dont le propriétaire réside habituellement à la ville, le faire valoir par régisseur est plus convenable, tandis que le faire valoir par maître-valet convient mieux à des domaines semés à la moyenne ou à la petite culture et dont le propriétaire vit ordinairement à la campagne.

Le propriétaire peut alors surveiller plus parfaitement la gestion du maître-valet, et dirige lui même l'exploitation de son domaine.

Les régisseurs qui méritent réellement ce nom, doivent être des hommes capables d'organiser une exploitation agricole jusque dans les plus petits détails et de la faire marcher avec succès. Il faut qu'ils soient de véritables ingénieurs agricoles et d'habiles administrateurs. Mais de tels hommes ne sont pas faciles à former; car il leur faut des connaissances étendues et variées, et des qualités personnelles toutes spéciales.

Ces qualités sont plus indispensables peut-être en agriculture que dans toute autre industrie qui s'exerce dans un cercle plus restreint et ou la division du travail facilite la surveillance et la direction Dans la plupart des industries manufacturières les opérations sont simples, faciles à saisir et se renouvellent constamment sous les mêmes formes. Leurs résultats sont prévus à l'avance et se réalisent presque toujours. Aussi les contre-maîtres se mettent promptement au courant de la besogne, et il n'est pas rare de voir d'anciens ouvriers d'une intelligence ordinaire, diriger parfaitement les opérations de l'atelier qui lui est confié, opération avac laquelle il a été familiarisé dès l'enfance.

Mais il n'en est pas de même de l'industrie rurale; les opérations y sont ordinairement si complexes, y révêtent mille formes variées et leurs résultats ne se manifestent le plus souvent que longtemps après le commencement des travaux préparatoires qu'elles nécessitent. Il faut donc au régisseur d'une exploitation agricole un esprit de prévision qui est inutile au contre-maître d'une manufacture.

La tâche imposée au régisseur est donc difficile, et ce qui contribue encore à en augmenter la difficulté, c'est la position fausse dans laquelle il se trouve, placé qu'il est entre les ouvriers qui aimeraient mieux avoir affaire au propriétaire et qui le desservent auprès de celui-ci, et le propriétaire qui ne comprend pas toujours le bien des opérations de régisseur et qui se laisse parfaitement influencer par son entourage.

Le mode de faire-valoir par régie convient à tous les pays et à toutes les circonstances auxquelles s'applique le faire-valoir direct, lorsque la bonne harmonie règne entre le propriétaire et le régisseur, et que ce dernier possède toutes les qualités requises pour l'exécution de son mandat. Mais aussi il peut avoir les plus grands inconvénients toutes les fois que le régisseur manque de quelques-unes des qualités essentielles, ou qu'il n'a pas su gagner la confiance du pro-

priétaire. Ses subordonnés s'en apercoivent facilement ; dès lors ses ordres sont mal exécutés,
les travaux languissent, le désordre devient général, et le domaine ainsi administré ne tarde
pas à voir ses terres s'épuiser et ses revenus diminuer sensiblement.

3. *Fermage.*

On appelle bail à ferme ou fermage, la session
faite à prix d'argent par le propriétaire, et cela
pour un temps déterminé, du droit d'exploiter
les terres qui lui appartiennent. Dans ce mode
de faire-valoir, le propriétaire d'un domaine le
loue pour un certain nombre d'années à un cultivateur, sous la condition que celui-ci rendra
annuellement une part des produits déterminée à
'avance et convertie en argent, que l'on appelle
rente ou fermage.

Le fermage résulte de la nécessité où se trouve

un propriétaire qui ne veut pas ou ne peut pas exploiter ses terres lui-même, d'en céder l'exploitation et la jouissance à un autre pour une redevance et pour un temps déterminés.

La durée de la location peut modifier la nature et le caractère du fermage. Ainsi on appelle *contrat de rente foncière*, le fermage conclu à perpétuité moyennant une somme déterminée d'avance; *bail emphythéotique* le fermage conclu avec une condition éventuelle de résiliation, dépendant de circonstances déterminées, telle que la jouissance pendant un certain nombre de génération de fermiers, se succédant à des degrés convenus. Le fermage reçoit encore le nom de *bail comptable*, lorsque le contrat peut être annulé par la volonté du propriétaire, avec indemnité au profit du fermier pour les améliorations que la ferme a reçues pendant la durée du bail; de *servage*, lorsque les colons, véritables serfs enchaînés à la glèbe, ne peuvent abandonner la culture du domaine, et que les propriétaires ne peuvent la leur retirer. Les cultivateurs dans ce cas, sont de véritables immeubles par destination, que le propriétaire vend et transmet avec le domaine comme le bétail qui s'y trouve, les bois qui le couvrent et les bâtiments qui y sont élevés. Ce mode de fermage est encore usité en Russie.

Enfin, lorsque la location doit durer un nombre d'années déterminées dans le bail, on a le *fermage* ordinaire, c'est celui qui est à quelques rares exceptions près, le seul en usage en France, et c'est aussi le seul dont nous allons nous occuper.

On regarde assez généralement aujourd'hui le fermage comme le mode de faire-valoir le mieux approprié aux exigences de la société moderne. Aujourd'hui, en effet, les hommes qui ont reçu une éducation libérale se sont retirés dans les villes, où tout tend à les attirer. La centralisation administrative et la forme du gouvernement doptée ont prodigieusement accru le nombre des employés et des fonctionnaires publics astreints à la résidence dans les villes.

Dans ces conditions, les propriétaires préfèrent n'avoir pas à intervenir dans l'exploitation de leurs domaines. Or, non-seulement le fermage les décharge du fardeau souvent pénible de la surveillance et des soucis ordinaires de la culture, mais encore, deux ou trois fois par an, le fermier vient leur apporter un revenu fixe et invariable dans les bonnes comme dans les mauvaises années.

Ce paiement exact et régulier n'existe, il est vrai, qu'à l'état idéal s'il en était toujours ainsi, on comprendrait que ce mode de faire valoir séduisît les propriétaires qui ne veulent pas exploiter eux-mêmes leur domaine, mais par malheur les choses se passent bien différemment dans la pratique; le capital que le fermier consacre à l'exploitation de sa ferme est exposé aux chances des saisons, et par suite à de nombreuses éventualités indépendantes de son habileté agricole; les denrées qu'il produit sont également sujettes à de nombreuses fluctuations causées par la variabilité des récoltes, l'étendue de la concurrence et la nécessité où il se trouve fréquemment de la vendre, même à vil prix pour les paiements qu'il a à faire pour la subsistance de sa famille. Il en résulte que le fermier ne peut pas compter sur un produit fixe, et qu'il n'en doit pas moins payer à échéance fixe à son propriétaire une rente invariable et déterminée d'avance. Comment donc pourrait-il toujours remplir ses engagements. Il ne le pourrait qu'autant qu'il posséderait un capital d'exploitation assez considérable et surtout une réserve destinée à s'accroître dans les bonnes années et à parer à l'insuffisance des récoltes dans les mauvaises; mais ces capitaux, cette réserve, le plus souvent il ne les possède pas.

Le fermage présente surtout un inconvénient grave. C'est que le fermier cherche le plus souvent à profiter de la chose louée, et à tirer la plus grande partie du domaine qui lui est confié, au risque d'épuiser complètement les richesses accumulées dans le sol par le fermier précédent ou par le propriétaire et qu'il ne peut réaliser qu'en les tenant hors du domaine.

Tout fermier peu probe cédera à la tentation d'exploiter ces richesses, et de dissiper ainsi un bien qui ne lui appartient pas et dont il ne peut disposer sans nuire aux intérêts futurs du propriétaire.

Malgré ces inconvénients incontestables que présente le fermage, il faut se garder de le condamner d'une manière trop absolue. Il serait difficile de s'en passer dans l'état actuel des choses, attendu la multiplicité et l'importance des fonctions publiques qui retiennent la majeure partie de l'année un grand nombre de propriétaires hors de leurs domaines.

Ce mode de faire-valoir n'est pas d'ailleurs mauvais par lui-même; loin de là, en **Angleterre**, il est universellement adopté et l'agriculture anglaise est certainement l'une des mieux entendues et des plus perfectionnées de l'Europe. Ce qui est souvent vicieux dans le fermage, c'est surtout sa constitution; c'est la manière dont il est compris; c'est le mode de paiement de la rente, la nature et les clauses des baux. Il importe donc de rechercher comment on pourrait remédier à cet état de choses et quelles améliorations on pourrait y apporter.

Un des inconvénients du fermage, avons-nous dit, est le mode de paiement de la rente. Le fermier souffre souvent de la nécessité où il se trouve de payer une rente fixe pour un service qui est essentiellement variable. Eh bien! ne pourrait-on pas décider que le tout, ou au moins une partie de la rente variera en proportion des prix du grain en prenant la moyenne d'un certain nombre d'années? Ce moyen, proposé par plusieurs écrivains, nous paraît de nature à lever toutes les difficultés.

Dans les pays pauvres surtout, et où les fermiers n'ont que de faibles capitaux, il faut se garder d'adopter le principe d'une rente à tous prix ; il vaut mieux convenir que le fermier paiera chaque année une redevance proportionnelle aux produits qu'il aura réalisés.

On pourrait, comme dans la Lorraine Allemande, convenir que les fermiers livreraient leur fermage en nature ; mais ce système présente quelques difficultés en ce qu'il contraint les propriétaires à s'occuper de l'emmagasinage, de la vente et de la conservation des grains qu'ils reçoivent, ce qui ne leur est pas toujours possible de faire efficacement et lucrativement.

On peut encore stipuler que la rente sera payée en un certain nombre d'hectolitres de blé que le fermier ne livrera pas en matière, mais dont il donnera la valeur au propriétaire calculée d'après la mercuriale authentique d'un certain nombre d'années. On trouve dans la Beauce des exemples de baux de ce genre.

On pourrait encore, pour rendre ce mode de paiement de la rente plus conforme à la nature des choses, plus commode pour le fermier, l'étendre à toutes les diverses espèces de grains, — cultivés habituellement dans la localité où est située la ferme. — Il se peut, effet, que dans certaine ferme, la nature du sol soit telle que l'on ne puisse y cultiver que du seigle, de l'avoine, du maïs ou du sarrasin. Si même le produit le plus ordinaire et le plus certain de la ferme était représenté par des denrées d'une autre nature, on pourrait remplacer les grains par ces denrées et mesurer le taux de la rente à leur valeur échangeable officielle pendant un certain nombre d'années.

Il serait possible encore d'apporter au fermage de notables améliorations en modifiant la nature et la durée des baux. La durée des baux est surtout d'une très haute importance; car la certitude seule de jouir des terres qu'il occupe pendant une période déterminée peut engager le fermier à y faire des améliorations. Un fermier à volonté, comme disent les Anglais, que le propriétaire peut congédier quand il lui plaît, peut bien ruiner la ferme qu'il occupe, mais il est par la nature même des choses à peu près dans l'impossibilité de faire des améliorations; car ce serait à lui une folie que d'aller enfouir des capitaux considérables dans une terre qui, peut-être bientôt va être affermée à un autre et dont il ne jouira jamais.

La durée des baux est très variable selon les localités. — En France, les plus usités sont des baux à courts termes pour 3, 6 et 9 ans. En Angleterre on a adopté des baux d'une longueur moyenne : 14, 19, 21 ans, et des baux à longs termes, c'est-à-dire de 25, 31, 57 ans. On y trouve également des baux pour une vie et pour 3 vies.

Les baux à courts termes (3, 6, 9 ans), valent mieux sans doute que les baux dont la durée est indéterminée et qui laissent le fermier à la merci du propriétaire, mais avec des baux de cette espèce, l'agriculture ne peut arriver à un haut degré de perfection, et le mode de faire-valoir par fermage a la plupart des inconvénient que nous avons énumérés plus haut. Le fermier ne peut faire au sol que de faibles avances ; il ne lui consacre que les capitaux dont la rentrée est prompte et certaine ; il se dépêche dans le commencement du bail de donner à ses terres toutes les façons nécessaires pour qu'elles cèdent plus promptement aux plantes les richesses qu'elles récèlent dans leur sein; puis, lorsque le terme du bail approche, il devient plus négligent, moins disposé que jamais à faire même les opérations les plus simples et les moins coûteuses et le domaine qui lui a été loué en souffre nécessairement beaucoup, alors même qu'il est encore assez honnête pour ne pas surcharger les terres de récoltes et les épuiser complétement.

Tous ces inconvénients ont fait généralement préférer en Angleterre les baux à longs termes. Ces baux y sont aujourd'hui très usités. Ils ne sont pas à beaucoup près aussi communs en France où l'on préfère généralement les baux à courts termes. Par suite de regrettables préjugés, un grand nombre de propriétaires s'imaginent qu'un long bail est presque une dépossession de leurs droits, et sous l'influence de cette malheureuse idée, ils choisissent des baux dont la brièveté a pour effet de décourager par avance les efforts des fermiers et de priver la terre des améliorations foncières qui en augmenteraient la valeur et la vente pour l'avenir.

Toutefois, avec d'incontestables avantages, les

baux à longs termes présentent aussi quelques inconvénients.

Ainsi, qu'on vienne à faire passer une route, un canal, un chemin de fer à proximité d'un domaine qui était privé auparavant de toute communication ; aussitôt la valeur de ce domaine s'accroît considérablement s'il a été affermé par une longue période, le propriétaire dont le revenu reste le même, n'a aucune part dans cet accroissement de valeur. Le contraire peut également se réaliser. Si la valeur du domaine affermé vient à décroître par suite de circonstances indépendantes de la volonté de ceux qui l'exploitent ; le fermier se trouve obligé de payer une rente qui n'est plus en rapport avec la valeur actuelle de la ferme et dont le fardeau l'écrase.

Nous dirons donc en terminant l'examen du mode de faire-valoir par fermage, que ce mode convient généralement aux localités où la grande culture qu'il favorise, est facilitée par la richesse de la contrée, par les spéculations qui y sont adoptées par le développement de son industrie manufacturière ; mais qu'on ne doit jamais introduire le fermage dans les localités où la classe agricole est ignorante et pauvre et où les autres industries sont très peu développées.

Dans ce cas, il faut avoir recours au métayage. La raison est fort simple : dans le métayage; le partage des récoltes se fait en nature ; elles sont pour la plupart destinées à être converties en argent. Ce système de faire-valoir convient donc aux pays pauvres et dépourvus de voies de communication dans le fermage, au contraire; la plus grande partie des denrées sont des denrées de vente ; elles sont destinées à être converties en argent pour le paiement de la rente; il faut que le fermier trouve des débouchés assurés et facile afin de se défaire promptement des produits de son exploitation.

Enfin, en ce qui touche les intérêts du sol, il faut éviter autant que possible d'affermer des terres trop faciles à épuiser telles sont par exemple les terres calcaires qui, douées d'une grande activité, consomment bien plus rapidement que les autres les engrais et le travail qu'on leur applique.

4. *Métayage.*

Le bail à métairie ou bail à partage des fruits que l'on désigne vulgairement sous le nom de métayage, est un contrat par lequel le propriétaire d'un domaine le donne à cultiver à un homme qui s'appelle *métayer* à la condition d'en partager le produit avec lui.

Ce système en usage dans presque tout le midi de l'Europe, ainsi que dans la moyenne partie des départements de l'Ouest, du centre et du midi de la France dans la majeure, constitue une association véritable et assez étroite entre le métayer et le propriétaire du fonds. — L'un et l'autre réunissent en effet dans un but commun, l'exploitation du sol et les capitaux dont ils peuvent disposer.

Ordinairement le propriétaire apporte dans l'association le domaine, les bâtiments et tout ou partie du bétail, des instruments et des semences; de son côté le métayer y apporte son industrie, ses bras et ceux des produits de la terre ainsi exploitée en commun se partagent par moitié.

Telles sont dans leur plus grande simplicité les conditions ordinaires du bail à partage des fruits. Elles diffèrent cependant dans un grand nombre de localités.

Dans le département de la Loire, le propriétaire du fonds et le métayer fournissent en commun les semences et le bétail chacun par moitié. Quant au mobilier et aux instruments aratoires nécessaires à l'exploitation du sol, le propriétaire en fait ordinairement l'avance à son métayer qui lui en rembourse chaque année une partie de la valeur sur ses bénéfices, et auxquels ils appartiennent en propre.

Tous les produits se partagent par moitié, sauf le laitage pour lequel le métayer donne par année et par vache 8 à 12 livres de beurre, et la volaille dont les produits appartiennent en entier au métayer moyennant une redevance annuelle d'un certain nombre d'œufs et de poulets déterminé par les usages locaux. Néanmoins, les

canards font exception à à cette règle et se partagent par moitié.

Quand on engraisse des bœufs, des moutons
ou des porcs et qu'on leur donne du grain, tel
que de l'orge, du seigle ou de l'avoine, le propriétaire et le métayer en prennent chacun la
moitié à leur charge, et le produit de la vente des
animaux gras se partage également par moitié.
La laine se partage aussi par moitié.

Les produits de la tonte des haies et de
l'élaguage ou du nettoiement des arbres appartiennent au métayer, mais il ne peut en arracher
ni les souches ni les racines qui appartiennent au
propriétaire seul.

L'établissement de fossés neufs se fait par
moitié entre les parties; mais l'entretien des fossés une fois établi est à la charge du métayer
seul. Les frais de chaulage se partagent ordinairement par moitié; cependant le propriétaire en
prend quelquefois les deux tiers à sa charge. Il
est encore pourvu à l'achat de la chaux nécessaire
au chaulage avec l'argent provenant de la vente
des paillis, dont le métayer a le droit de vendre
une partie, et dont le prix se partage par moitié.

Le battage des grains se fait aux frais du mé-

tayer, qui doit fournir quatre hommes pour exécuter ce travail. On peut dire cependant que le
propriétaire y contribue pour un sixième de la
dépense totale, car il fournit un homme chargé
de veiller à ce que ses intérêts ne soient pas lé-
sés, mais qui, tout en surveillant, n'en travaille
pas moins comme les autres. Les grains, nous
l'avons déjà dit, se partagent par moitié, mais on
prélève la semence avant le partage.

Chaque métayer possède un jardin d'environ
deux ares, dont les produits n'appartiennent qu'à
lui seul.

Il ne peut rien vendre ni rien acheter sans
autorisation. Il lui est également interdit de rien
changer aux cultures sans l'agrément du propriétaire.

Il paie chaque année au propriétaire une redevance en argent qui, pour une métairie de 25
à 40 hectares, varie de 100 à 240 francs, et qui
représente à peu près les impositions. Chaque
métayer doit entretenir au moins un domestique
valide, et le propriétaire a le droit de lui faire
faire toutes les corvées qu'il juge à propos de lui
imposer.

On passe rarement un bail, et le propriétaire

peut renvoyer son métayer à l'époque consacrée de la Saint-Martin, en le prévenant toutefois six mois à l'avance.

Dans le département de l'Ardèche, les conditions du métayage présentent quelques différences, et le métayer y est plus durement traité.

D'abord, on a l'habitude de passer des baux sous seings-privés, ordinairement de quatre ans, et le propriétaire se réserve les bois et la feuille des mûriers, qui ne sont jamais compris dans le bail.

Le métayer doit entretenir constamment sur la métairie trois hommes robustes et capables de vaquer aux travaux de la culture. Mais cette clause est rarement exécutée à la lettre.

Les produits en vin, grains, pommes de terre, chanvre, noix et fagots de vignes, sont partagés par moitié entre le propriétaire et le métayer, sauf les œufs et le laitage, qui appartiennent en totalité au métayer, moyennant une redevance annuelle en argent.

Mais avant tout partage, et cette clause est fort dure pour le métayer, on est dans l'usage de prélever au profit du propriétaire environ 3 hectolitres 1/2 de froment, plus la vingt-quatrième partie de tout le blé récolté sur le domaine, et la vingt-quatrième partie de toute la récolte en vin.

Les semences sont fournies par moitié, ainsi que le fourrage et le fumier dont on pourrait avoir besoin.

La dernière année, le métayer ne peut faire consommer que la seconde coupe des prairies naturelles et artificielles. La première coupe doit être convertie en foin et conservée dans le grenier. Il est également tenu de plâtrer les prairies avant sa sortie.

Le propriétaire a le droit de lui imposer les corvées qu'il juge nécessaire, et de lui interdire tout travail pour les étrangers. Mais cette dernière partie de la clause est très mal observée.

Les plantations d'arbres sont à la charge du propriétaire, mais le métayer doit faire les trous qu'elles nécessitent, quels qu'en soient le nombre et les dimensions.

Enfin, le métayer est tenu de l'entretien des toits et de quelques grosses réparations ordinairement à la charge du propriétaire.

Le métayage offre d'ailleurs quelques avantages dont on doit lui tenir compte. La stabilité des conditions des baux place le métayer dans une position à cet égard bien supérieure à celle du fermier. A chaque renouvellement du bail, le fermier peut craindre qu'un concurrent ne vienne lui enlever, à l'aide de surenchère, un domaine auquel il vient de consacrer peut-être des avances assez considérables, dont il ne jouira jamais. Rien de semblable dans le métayage. Les conditions sont les mêmes pour tous, et lorsqu'un métayer est probe, intelligent et actif, il a la certitude de conserver pendant sa vie sa métairie, et de la transmettre même à son fils après sa mort. Dès lors, le colon partiaire acquiert, par la fixité même de sa position, une sorte de considération qui le met bien au-dessus du simple manouvrier obligé de vivre au jour le jour, et lorsqu'il sait vivre en bonne intelligence avec le propriétaire, sa condition, misérable peut-être aux yeux de l'observateur superficiel, est au contraire assez douce. Si la classe des métayers n'est jamais bien riche, elle ne connaît du moins que bien rarement les besoins et la misère.

D'ailleurs, le métayage est, dans beaucoup de circonstances, une nécessité à laquelle il faut se soumettre, et il offre des avantages incontestables.

Bien compris, ce serait le moyen le plus sûr et le plus efficace de guérir la plaie de l'absentéisme et de remédier à l'épuisement des terres ruinées par l'avidité des fermiers sans probité et sans conscience. Quant à ses inconvénients, ils disparaîtront peu à peu, lorsque la vulgarisation des sciences économiques et agricoles permettra aux propriétaires de mieux comprendre leurs véritables intérêts.

On trouverait enfin dans ce mode de faire-valoir le moyen de faire cesser en partie l'hostilité fâcheuse qui règne trop souvent entre les capitalistes et les travailleurs, hostilité que le fermage entretient au contraire par l'antagonisme qu'il fait naître du conflit des intérêts entre le propriétaire et le fermier.

« Dans les pays à métayage, dit M. de Gasparin, la population ne participe pas à ces agitations, qui sont le propre de ceux où se produisent des changements brusques et fréquents dans les positions. Les fortunes ne s'y font pas et ne s'y défont pas rapidement; des intrigues ayant pour but des déplacements mutuels, ne donnent pas naissance aux jalousies et aux haines entre les familles. Le vœu de chacun est de conserver la situation dont il jouit; les propriétaires, comme les métayers, voient dans la tranquillité publique une garantie pour l'avenir de leurs familles, car les uns et les autres ont un héritage à transmettre; les premiers la propriété; les seconds le colonat. Dans les temps de révolutions, on a vu ces deux classes marcher d'accord, réunies sous le même drapeau, et l'histoire de la Vendée est un exemple frappant de leur unanimité. »

CHAPITRE IV.

⸻⬦⸻

Des Assolements.

———

On donne ce nom à la méthode de culture qui consiste à faire succéder régulièrement des récoltes différentes sur un même champ. Le retour d'un assolement s'appelle *rotation*.

Les bons assolements sont de véritables greniers d'abondance. Le premier de tous fut le système triennal. L'origine de cet ancien système de culture se perd dans la nuit du moyen-âge. Le sol était partagé en deux parties : l'une destinée à rester en prairies permanentes, l'autre soumise à la charrue et divisée elle même en trois *soles* : la culture exclusive des céréales, la jachère employée, comme préparation obligée à la culture du froment ou du seigle, suivie immédiatement de grains de mars ; enfin la jouissance en commun du pâturage.

Ce système était parfaitement approprié aux circonstances de l'époque pour laquelle il a été conçu, époque à laquelle l'agriculture ne pouvait s'exercer que sur un petit nombre de plantes prises toutes dans la famille épuisante des céréales. En considérant l'extrême simplicité de ce système, l'harmonie avec laquelle toutes les parties qui le composent se lient entre elles, l'égale répartition, sur toutes les saisons, des travaux qu'il exige, la facilité avec laquelle il s'applique aux *soles* de toute nature, placées sous des climats très variés, on verra qu'il eût été impossible alors de trouver un système de culture, avec peu de main d'œuvre, plus convenable pour fournir les objets les plus indispensables de consommation à une nation pauvre, peu avancée dans la civilisation et peu peuplée,

quoique déjà trop nombreuse pour que le système pastoral puisse suffire à sa subsistance.

Considéré sous ce point de vue, l'assolement
triennal avec jachère et vaine pâture, malgré ses
défauts graves, mais inévitables, était vraiment
une admirable conception; aussi on ne doit pas
être surpris de l'universalité de l'adoption de ce
système, ni même s'étonner de voir encore de
nos jours un certain nombre de cultivateurs re-
fuser de prendre en considération la différence
des époques et des circonstances, et s'élever contre
les tentatives faites pour accélérer la chute d'un
édifice qui, dans sa vétusté, offre encore quelque
chose de respectable.

Aujourd'hui nous voyons presque partout les
cultivateurs les plus industrieux remplacer l'ancien mode de culture par le système de culture
alterne, qui exige dans son application beaucoup
plus de capitaux et d'instruction mais qui offre
un produit net beaucoup plus considérable dont
les bases principales sont la suppression des prairies permanentes, la divison des terres arables
en un nombre très-varié de soles, où s'introduit
la culture d'un grand nombre de plantes récem-

ment appropriées à l'art agricole et qui ne peuvent entrer dans l'assolement triennal.

Dans l'assolement triennal, les 2|3 des terres arables sont invariablement consacrés à la culture des céréales ; dans les assolements alternes, il n'y en a en général que la moitié; mais dans ce dernier système, les prés permanents n'étant plus nécessaires l'étendue des terres soumises à la charrue est plus considérable ce qui rétablit à peu près l'équilibre.

On pourrait croire au premier coup d'œil qu'on récolte autant de grains par une méthode que par l'autre, et que toutes deux fournissent une égale quantité de nourriture pour l'homme. Cependant la différence est immense ; l'abondance de nourriture destinée au bétail que produit la culture alterne, permet de consacrer aux terres infiniment plus d'engrais et les récoltes de tout genre augmentent à proportion.

L'introduction de la culture du trèfle est une des précieuses acquisitions de l'agriculture moderne; elle a rendu nécessaire dans les cantons où l'on a voulu apporter quelques perfectionnements aux procédés de l'art agricole, la chute d'un assolement dans lequel cette plante ne trouverait pas de place, et qui a occasionné la révolution opérée aujourd'hui dans l'agriculture de l'Europe ; mais il est certain aussi que l'introduction de la pomme de terre exigeait impérieusement la même réforme partout où se faisait sentir le besoin d'en étendre la culture. La combinaison des assolements alternes permet de donner à la culture de ces deux plantes toute l'extension qu'on peut désirer, non-seulement sans nuire aux autres produits tirés jusqu'ici du sol, mais aussi en augmentant considérablement leur abondance.

On peut diviser en trois classes les subsistances alimentaires que le système de culture alterne fournit à la consommation : 1º la viande et les autres produits animaux qui, dans ce mode de culture, peuvent être créés en très grande abondance ; 2º les grains ; 3º les plantes racines : pommes de terre, navets, carottes, betteraves, etc. auxquels on peut joindre les choux, qui, à égale étendue de terrains, fournissent autant de parties nutritives.

On a calculé que pour la subsistance d'un homme, s'il se nourrissait uniquement de viande, lait ou fromage, il faudrait le produit d'une étendue de terre cinq fois plus considérable que si son unique aliment était le pain. Et il est certain que si l'on prend pour point de comparaison, l'étendue de terre ensemencée en froment qui est nécessaire à la consommation annuelle d'un individu, il lui suffirait du produit d'une étendue cinq fois moindre, si cette terre était consacrée à la culture des pommes de terre et qu'il en fît son unique nourriture. Mille hectares de pommes de terres fournissent donc 25 fois plus de substances alimentaires ou nourrissent une population 25 fois plus nombreuse que mille autres hectares consacrés à la production de plantes employées soit à l'éducation et à l'engraissement du bétail destiné à la boucherie, soit à la nourriture de vaches laitières.

Dans l'assolement alterne, on trouve toujours les avantages et les ressources suivantes :

1° Le prix du grain vient-il à baisser, les spéculations de cultivateurs se reportent aussitôt vers la culture des plantes destinées à nourrir et engraisser le bétail.

2° Au contraire, si la rareté des substances se fait sentir, s'il survient une hausse dans les prix, si la population prend de l'accroissement, rien n'est plus facile aux cultivateurs que d'étendre non seulement la culture des grains aux dépens de celle des plantes destinées à la nourriture du bétail, mais aussi celle des plantes-racines qui servent d'aliment à l'homme; genre de récolte très lucratif pour le cultivateur lorsqu'il en trouve le débouché et dont l'extension ramène sur le champ l'abondance.

3° Enfin dans un cas de besoins très pressants, comme la présence d'armées nombreuses, la destruction de la récolte de froment par la grêle ou par quelque autre accident, l'homme trouve à sa disposition comme ressource extraordinaire, dans ce système de culture, non-seulement les plantes-racines qu'il avait cultivées, pour les bestiaux mais encore les bestiaux eux-mêmes qui serviront à son alimentation.

Nous donnons à nos lecteurs des exemples d'assolements appliqués en France et à l'étranger, et dont les bons effets ont été généralement reconnus jusqu'ici.

Assolement triennal.

—

1 *Pommes de terre.* 2 *Froment.* 3 *Trèfle.*

Sinclair, agronome écossais, affirme que cette rotation fut suivie dans un même champ pendant trente ans, et donna des résultats très-satisfaisants.

—

Assolement anglais quadriennal.

—

1 *Turneps* (espèce de rave). — 2 *Orge.* — 3 *Trèfle.* — 4 *Blé.*

Les turneps sont fortement fumés, parfaitement nettoyés et sarclés.

En France, on pourrait remplacer les turneps par la pomme de terre, mais l'assolement deviendra moins durable.

En Belgique, où l'agriculture repose sur la production des plantes commerciales on rencontre souvent l'assolement quadriennal suivant :

1 *Pommes de terre.* — 2 *Avoine.* — 3 *Trèfle.* — 4 *Blés et Navets à la dérobée.*

Assolement quinquennal.

—

1 *Fèves ou Sarrazin.* — 2 *Froment, ensuite Navets.*
— 3 *Avoine.* — 4 *Trèfle.* —5 *Orge d'hiver
et Avoine.*

Cet assolement est en usage dans certains cantons du département de la Somme ; il convient aux sols argileux où l'on ne peut cultiver le seigle et la pomme de terre.

Dans les contrées du Rhin et de la Moselle, on rencontre fréquemment l'assolement suivant :
1 *Jachère morte, fumée.* — 2 *Seigle.* — 3 *Trèfle.*
— 4 *Avoine ou Pois.* — 5 *Sarrazin.*

Si le sol est très bon, on a :
4 *Froment.* — 5 *Seigle.*

—

Assolement de six ans.

—

1 *Jachère fumée.* —2 *Seigle.* —3 *Trèfle.* — 4 *Avoine.*
— 5 *Jachère non fumée.* — 6 *Seigle.*

Ce système convient aux contrées qui manquent de prairies et par conséquent d'engrais.

On rencontre encore souvent en Allemagne l'assolement suivant :

1 *Jachère fumée.* — 2 *Colza.* — 3 *Orge d'hiver.* —
4 *Seigle fumé.* — 5 *Trèfle.* — 6 *Avoine.*

—

Assolement de 7 ans.

—

Dans les plaines fertiles de la Bavière, on trouve encore cet assolement :

1 *Jachère fumée.* — 2 *Orge d'hiver.* — 3 *Seigle.* —
4 *Trèfle.* — 5 *Avoine.* — 6 *Pommes de terre ou
Navets.* — 7 *Orge de printemps.*

—

Assolement de 8 ans.

—

1 *Jachère fumée.* — 3 *Blé.* — 2 *Trèfle.* — 4 *Avoine.*
— 5 *Orge d'hiver fumée.* — 6 *Seigle.* — 7 *Trèfle
blanc pâturé.* — 8 *Seigle.*

Cet assolement appartient à l'agriculture céréale et est adopté dans les grandes fermes.

—

Assolements avec plantes commerciales.

—

1 *Pavots fumés* ou *Choux.* — 2 *Garance fumée.* —
3 *Seconde année de garance.* — 4 3ᵉ *année de ga-*

rance. — 5 *Chanvre fumé.* — 6 *Lin.* — 7 *Tabac fumé.* — 8 *Blé.* — 9 *Trèfle.* — 10 *Pommes de terre avec demi-fumure,* — 11 *Avoine.* — 12 *Lin.*

Cet assolement est indiqué par Schwerz dans son Manuel de l'agriculteur. Il l'avait établi dans un terrain médiocre de sept hectares et demi et cet auteur conseille de modifier ainsi quand il s'agit d'un terrain léger.

8 *Blé.* — 9 *Avoine.* — 10 *Trèfle.* — 11 *Pommes de terre.* — 12 *Lin.*

—

Assolement avec Sainfoin.

—

1, 2, 3 *Sainfoin plâtré.* — 4 *Seigle puis Navets.* — 5 *Jachère.* — 6 *Seigle.* — 7 *Jachère avec Sainfoin.*

Cet assolement peut être continué pendant trente ans sans fumier sur des terrains maigres et épuisés ; le sainfoin ayant la propriété d'améliorer le sol. Les plus mauvais terrains peuvent être améliorés à l'aide de cette plante, à la condition que la terre sera bêchée profondément.

—

Assolement avec Luzerne.

—

1 *à* 9 *Luzerne.* — 7 *Colza.* — 11 *Seigle.* — 12 *Orge.* — 13 *Avoine.* — 14 *Jachère fumée.* — 15 *Colza.* — 16 *Seigle.* — 17 *Orge.* — 18 *Avoine.*

La luzerne doit sa propriété de résister aux longues sécheresses à la longueur de ses racines qui s'enfoncent à une grande profondeur et qui se changent en excellent terreau après un premier labour. On peut la laisser six, huit ou neuf ans sur un même terrain qui sera propre ensuite à recevoir des récoltes épuisantes. Ainsi on pourrait mettre encore :

1 *à* 8 *luzerne,* 9 *betteraves ou pommes de terre,* 10 *sainfoin,* 11 *orge,* 12 *jachère fumée,* 13 *colza,* 14 *épeautre,* 15 *seigle,* 16 *orge avec semence de luzerne.*

—

Voici un mode d'assolement destiné à une surface supposée de 23 hectares 1/2. Nous le recommandons à l'attention des cultivateurs, qui pourront le modifier suivant les circonstances et l'étendue du terrain auquel il pourrait être appliqué.

Années.	Sole A. 3 hect. 1/2	Sole B. 3 hect. 1/2	Sole C. 3 hect. 1/2	Sole D. 3 hect. 1/2	Sole E. 3 hect. 1/2	Sole F. 3 hect. 1/2
1ʳᵉ	Pommes de terre ou betteraves fumées.	Seigle ou plus tard froment.	Fourrages	Fourrages	Fourrages	Orge ou avoine.
2ᵉ	Seigle ou plus tard froment.	Fourrages	Fourrages	Fourrages	Orge ou avoine.	Pommes de terre ou betteraves fumées.
3ᵉ	Fourrages	Fourrages	Fourrages	Orge ou avoine.	Pommes de terre ou betteraves fumées.	Seigle ou plus tard froment.
4ᵉ	Fourrages	Fourrages	Orge ou Avoine.	Pommes de terre ou betteraves fumées.	Seigle ou plus tard froment.	Fourrages
5ᵉ	Fourrages	Orge ou avoine.	Pommes de terre ou betteraves fumées.	Seigle ou plus tard froment.	Fourrages	Fourrages
6ᵉ	Orge ou Avoine.	Pommes de terre ou betteraves fumées.	Seigle ou plus tard froment.	Fourrages	Fourrages	Fourrages

En jetant les yeux sur ce tableau, nous voyons que chaque année nous aurons 3 hectares 1/2 en seigle ou mieux quelques années plus tard en froment. Mais il faut attendre que la terre soit convenablement préparée, ce qui ne tardera pas avec les masses de fumiers que nous aurons à notre disposition. Puis nous avons 3 hectares 1/2 en orge ou avoine, 3 hectares 1/2 en racines, et enfin 10 hectares, 1/2 en fourrages, c'est-à-dire juste la moitié des terres de l'exploitation.

De cette manière 1/6 serait en cultures racines ou plantes sarclées (pommes de terre — rutabagas, — betteraves, — pois, — fèves, — haricots, etc.) pour les besoins des animaux, et 1/3 seulement de l'exploitation serait en céréales pour les besoins des hommes.

Il est bien entendu que chaque année 1/6 des prairies naturelles existantes sera rompu (Le propriétaire ne nous refusera certainement pas de soumettre ses prés à une agriculture progressive et en même temps améliorante. Et d'ailleurs, nous resterons libres avant l'entrée en ferme d'imposer nos conditions. Alors, comme on le voit, tout rentrerait dans un assolement uniforme).

Les terres de l'exploitation se composent, avons-nous dit, de 23 hectares 1/2 en joignant les 7 hectares prairies aux 16 1/2 de terres arables. Or, la culture en prend 21, comme le fait voir le tableau d'assolement. Reste donc 2 hectares 1/2 de disponible. Nous supposons 1/2 hectare pour jardin potager, et 1/2 hectare de verger pouvant en même temps servir de rucher. Alors il nous reste encore 1 hectare 1/2 que nous saurons employer le plus utilement possible, soigneusement amélioré. Ce sera dans cette partie que nous ferons nos semis de plantes nos pépinières d'arbres, et ce sera là aussi que nous pourrons nous livrer à une culture riche et soignée de plantes commerciales, oignons, pois, fèves, haricots, porte-graines, chanvre, etc.

En considérant notre tableau d'assolement, on peut voir que les fourrages occuperont la même sole pendant 3 années consécutives. Il n'est pas besoin d'énoncer ici les nombreux avantages que pourrait présenter cette pratique. Il est facile de comprendre qu'une telle méthode ne tarderait pas à faire acquérir promptement à la terre un degré de fécondité jusqu'alors inconnue. En effet, on ne peut manquer d'arriver à un bon résultat en employant convenablement les masses de fumier que l'on aura à sa disposition, et chaque année, après la coupe des fourrages on étendra une couche soit de fumier décomposé, soit de compost ou de terreau et l'on pourra encore jouir à l'automne d'une bonne coupe de regain pendant que le foin serait à mûrir au magasin. Ces fourrages se composeraient de sainfoin, de luzerne que nous nous efforcerions d'acclimater ou ce qui serait plus sûr peut-être, surtout dans les commencements de trèfles variés de ray-grass, et autres plantes de prairies dont nous récolterons nous-mêmes la graine avant de rompre la sole qui chaque année doit rentrer dans le domaine de la culture.

Nous ajouterions encore le *moha* de Hongrie que l'on cultiverait, non pour la graine dont le produit est considérable, mais qu'il est difficile de débarrasser de son écorce, mais comme fourrage vert qui réussirait après les pommes de terre que l'on pourrait aussi remplacer par les topinambours. Dans ce dernier cas, ou se procurerait, avec les tiges venues après l'arrachement et le moha, un fourrage vert abondant et de première qualité.

Le moha vert est une excellente nourriture pour les chevaux. Sa paille égale en poids celui du froment, mais elle sèche difficilement et on doit la donner très modérément aux animaux.

FIN.

TABLE DES MATIÈRES.

—

PREMIÈRE PARTIE.

DEUXIÈME PARTIE.

—

TROISIÈME PARTIE.

Senlis. — Typ. Ch. Duriez. — A. Le Gallais et C⁰, successeurs.

www.ingramcontent.com/pod-product-compliance
Lightning Source LLC
LaVergne TN
LVHW021129200726
843510LV00001B/29